猫の飼い方・しつけ方

青沼陽子 監修

成美堂出版

Happy Life with CATS！

しあわせネコ暮らし

わがままで気まぐれ。でも、そこにいるだけでかわいい。
ネコとの生活は、毎日がわくわく！

お願いにゃ

じっと見つめるときは、
お願いごとがあるとき。
「ゴハン！」「なでて！」「遊ぼう！」
微妙なネコゴコロをキャッチ！

ネコ的日常① シッポとの戦い

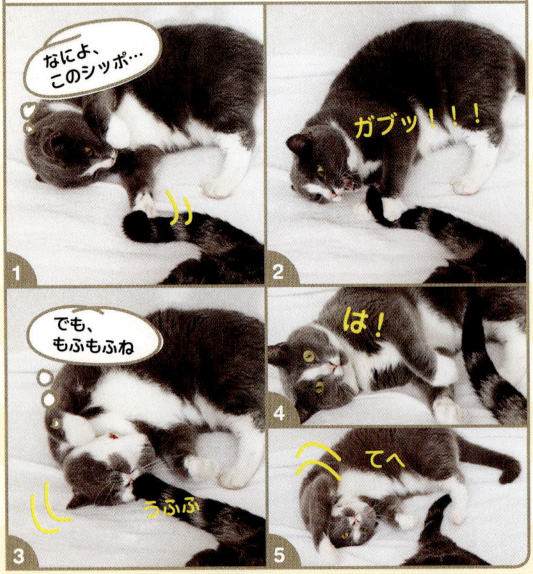

ネコ的日常② 遊んでにゃ！

眠いにゃ

ネコってほんと、たくさん眠る動物。
朝も昼も夜も、いつもすやすや。
寝ているネコって、
見ているだけでしあわせな気分になってくる。

ネコ的日常③ 今日も忙しいにゃ

ネコ的日常④ しっかりお手入れ

Q.この肉球、どのネコ？

手足の裏にある、ぷにぷにのおマメ、肉球。
ふかふかでもっちり。ピンク、こげ茶、グレー…。この肉球はどのコかな？

A

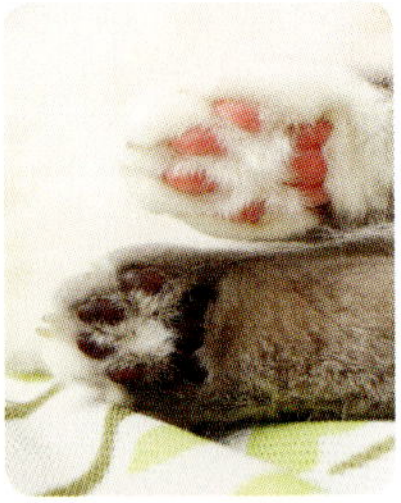

B

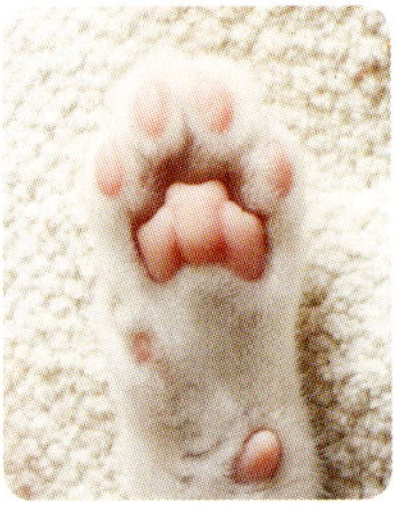

C

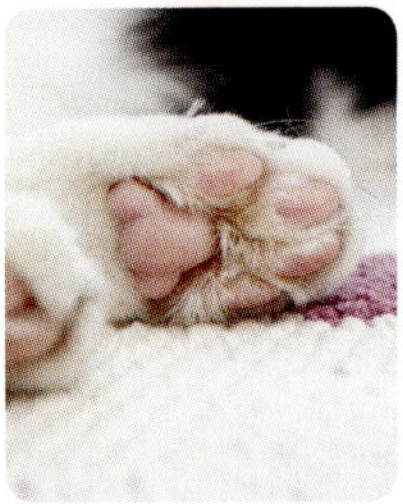

D

E

F

G

H

A.この肉球はワタシです

A

B

C

D

E

F

G

H

外ネコ＆散歩ネコのまったりLife

外で暮らすネコ、
散歩に出かけるネコたちの日常をチェック！

外ネコ的日常① あくび

外ネコ的日常② 爪とぎ

外ネコ的日常③ 集会

外ネコ的日常④ 昼寝

外ネコ的日常⑤ 熟睡中

外ネコ的日常⑥ 毛づくろい

＊本書に登場するネコたち

金太
雑種
♂2歳
ちょっと人見知りにゃ
まだまだ若くてやんちゃにゃ
いつもヒマで遊びたいにゃ
子ネコのとき保護団体からやってきたよ
帰ったから遊ぼうかー
夫婦と子どもの3人家族と一戸建て暮らし
いつもヒマだからすごくうれしいにゃ!
うにゃ
カぷ!!!
イテッ
興奮しすぎてときどきかんじゃったりネコキックしちゃうにゃっ!
ひとりのときは鳥見て窓ひっかいたり通る人や車見たりしてるにゃ
カカ
カカカカ
壁にとまってる虫もたまらなく好きにゃ! ウカカカ!
そのうち窓のそばで寝ちゃってることが多い

フク
もとの主人が引越で飼えなくなったにゃ
長毛の雑種
性格はおだやかにゃ
♂6歳
甘えん坊だけどよろしくにゃ
ネコ飼育経験ありの女性に6歳で引きとられマンション暮らし
大丈夫よー ネコなれてるし 私はオスネコ派♥
毎日ブラッシングしようねー
ツヤツヤになるよー♪
長毛でも毛の堅いコもいるけどフクはやわらかいタイプねー
毛玉にならず助かるにゃ
ムズカシイことはわからんにゃ
おっとり
やっぱりネコがいるっていーかー
まったり
マイペースでやっていくにゃ
のんびりやっていこ~ね~

「猫の飼い方・しつけ方」
contents

Chapter 1　子ネコがやってきた！

Chapter 2　ネコのことをもっと知ろう！

Chapter 3　ゴハンと毎日の世話

Chapter 4　ネコの遊ばせ方＆コミュニケーション

Chapter 5　健康管理と病気

はじめに

ネコと暮らす。それは、とても素敵な体験です。気まぐれでわがままといわれることが多いネコですが、一緒に暮らしてみると、とても愛情深く、かわいい動物であることがわかります。

少し前までは、ネコを外に出して自由に散歩をさせている人も多かったのですが、外には危険がいっぱい。ケンカによるケガ、ほかのネコとの接触によって感染する病気、そして、交通事故。これらの脅威から大切なネコを守るためには、室内だけで飼うのがベストです。「猫の飼い方・しつけ方」では、室内飼いを前提に飼い方を紹介。

本書は、子ネコの迎え方から体のしくみ、食事と世話、しつけ、コミュニケーションのとり方、そして健康管理まで、たくさんの写真とイラスト、マンガでわかりやすく解説しています。

おもちゃにじゃれたり、毛づくろいしたり、眠ったり。見ているだけでもとびっきりかわいいネコたち。さあ、ネコとの楽しい生活をはじめましょう。

Chapter 1

子ネコがやってきた！

***

ネコを飼う前に

かわいいネコと気ままで楽しい生活をはじめよう

ネコを家族の一員として迎える前に、
どんなネコと、どんなふうに暮らしたいのか
ネコのいる暮らしを考えてみましょう。

ネコを飼う心得

ネコは楽しいルームメイト どんなふうに暮らしたい？

ネコはのんびりと昼寝や毛づくろいをしたり、自由に部屋を歩いたり、ときには激しく走ったりと、マイペースで過ごす動物です。そんなネコの姿に癒されたい、一緒に遊びたい、あるいは優雅なルックスの純血種を飼いたいなど、それぞれに思い描くネコとの暮らしがあるでしょう。

どんなネコとどう生活するか考えてみましょう。

外に出さず、部屋で飼おう。

室内飼いが基本

ネコは外には出さずに、室内で飼うことをおすすめします。子ネコのときから室内で育つと、外に散歩に行かなくてもネコは満足。走ったり、家具に登ったりと、上手にエネルギーを発散できます。

外に出ると、ケガや病気、交通事故などの心配もあり、健康管理も大変。近所で迷惑をかけることも。部屋で自由に過ごさせて、ときには一緒に遊ぶ。楽しく安全なネコライフを送りましょう。

責任を持って飼おう

ネコはイヌのように散歩に連れて行く必要もなく、気軽に飼えるのが魅力。しかし、あまり手間がかからないといわれるネコも、食事やトイレの世話、お手入れ、健康管理が必要です。

ネコの寿命は約10～18年。最後まで責任を持って飼うこと。不幸な捨てネコやノラネコを増やさないため、完全に室内飼いにし、避妊や去勢手術も検討しましょう。

どんなネコを飼う？

性別や年齢でちがう 飼いたいネコを決めよう

ネコは個性もいろいろ。自分の生活環境や性格に合うのは、どんなネコでしょうか。

性別で選ぶ

メスは、定期的に発情期がきます。発情期は大きな声で鳴いたり、外に散歩に出している場合は、妊娠する可能性が大なので、避妊するのが一般的。オスはマーキングするので、早めの去勢がおすすめです。体格は一般的にオスのほうが大きくなります。

性格は、メスのほうが気まぐれでクールなコが多いようです。一方、オスは人なつこくて甘えん坊なコが多いでしょう。オスはなわばり意識が強くケンカもしやすいですが、去勢すると落ち着きます。

短毛種？ 長毛種？

いわゆる雑種と呼ばれる日本ネコは短毛種です。純血種では、アビシニアンやアメリカンショートヘアなどが短毛種。短毛種は手入れがしやすく、なめらかな被毛が特徴。長毛種は、ヒマラヤンやペルシャなど、長い毛がゴージャスな純血種。まめにブラッシングして毛玉を予防します。

子ネコ？ おとなネコ？

子ネコはかわいく、なれやすいですが、世話には時間と体力が必要です。一方、おとなネコを飼うときは、なれるまで時間がかかることもありますが、落ち着いていて、飼いやすいことも多いでしょう。

オスは甘えん坊のコが多い。

オス
おっとりしている場合が多い
骨格はメスより大きくさわった感じもガッチリ
お…おもい
頭も牙も
手も足も爪も大きい
シャキーン
当然排泄の量もりっぱ！
太くて大きいのしてます
プ～ン
く…くさい
でも意外に甘えん坊
お…おもい
なでて…
怖いことあったにゃ
メス
狩りとかが上手で身が軽い
体もオスより小さめしなやかで抱っこしてもやわらかい
ふわ～ん
赤ちゃんを産んだらすごくかわいがる
ペロペロ
ゴハンはオスより小食
ペロペロ
悲しいことあったの？
プンプン
寄らんとこ…
ペロペロ
なんだか空気をよむコが多い

ネコの入手先

どこから迎える？
里親募集など
情報収集をしよう

ネコを飼うと決めたら、まずは友人知人や
子ネコの里親募集などから検討してみましょう。
純血種ならブリーダーやペットショップへ。

ネコはどこで探す？

ネコを飼っている友人や動物病院などに相談を！

ネコを手に入れるには、ブリーダーやペットショップから買うばかりでなく、里親として譲り受けるのもおすすめです。子ネコの里親募集は、動物病院や保護団体など、さまざまなところで行っています。すでにネコを飼っている友人や、近所の動物病院などに相談してみましょう。インターネットで検索して、地元の団体を探すのもよいでしょう。

里親募集を利用しよう

ネコを育てられなくなったという理由で保健所に持ち込まれるなど、飼い主のいない不幸なネコはたくさんいます。保護団体や動物病院に子ネコが保護されることもあり、里親募集は非常に多いです。

里親になるためには条件があったり、必ずしも好きなネコが選べないこともあります。けれども、不幸なネコの命を救える運命的な出会いですから、条件が合うなら、ぜひ検討してみてください。

里親募集をしている主な団体

＊NPO法人　東京キャットガーディアン
東京都豊島区南大塚3-50-1　ウィンドビル5F　☎03-5951-1668
URL：http://www.tokyocatguardian.org/

＊NPO法人　アニマルレフュージ関西
大阪府豊能郡能勢町野間大原595　☎072-737-0712
URL：http://www.arkbark.net/?q=ja/

＊NPO法人　猫達の幸せを守る会
千葉県安房郡鋸南町上佐久間2-2　☎0470-28-4522
URL：http://www.npo-nekonoshiawase.com/

＊一般社団法人　Rencontrer Mignon（ランコントレ・ミグノン）
東京都中野区若宮3-52-14（猫シェルター・要予約）
URL：http://rencontrer-mignon.org/　✉：info@rencontrer-mignon.org

子ネコとの出会いを大切に。

友人やブリーダーなどから迎える

飼育環境などをチェックし準備を整えてから迎えよう

友人から迎える

友人や知人の家で子ネコが生まれ、譲り受けるケースもあります。子ネコをもらうなら、その家庭でどのように飼っているのかをチェック。親ネコが外にも出かける散歩ネコの場合は、子ネコは動物病院で健康診断を受けておくと安心です。

子ネコは、できれば生後2カ月頃までは母ネコと一緒に育ててもらい、3カ月目以降に迎えるのがおすすめ。母ネコやきょうだいネコと長く過ごすことで、ネコ社会のオキテを学習するのです。

純血種が飼いたいときは

「フワフワの長毛ネコが好き」「ワイルドな模様のネコが欲しい」など、純血種を飼いたい場合は、ブリーダーやペットショップで子ネコを探します。

ブリーダーから買う

ブリーダーは純血種のネコを専門に繁殖しています。インターネットやネコの雑誌などで、希望のネコ種を扱っているところを探しましょう。世話のポイントなど、飼育アドバイスも相談にのってもらえます。子ネコを迎える前に、できるだけ直接出向くか電話で問い合わせるなどして、ていねいに対応してくれるブリーダーを選びましょう。

ペットショップで買う

ペットショップからネコを迎える人もいるでしょう。くれぐれも衝動買いは避け、責任を持ってネコを飼えるかよく考えてから迎えること。ショップは子ネコが清潔な環境で、大切に飼われているところを選ぶようにします。はじめは、それまで食べていたエサやトイレ砂を使うのがおすすめです。

子ネコの健康チェック

体の各部を見て子ネコの健康状態をチェックしよう

元気で健康な子ネコを迎えるために、
体のチェックポイントを知っておきましょう。
気になる点があれば、早めに動物病院へ！

外見や行動を確認！

外観からわかる異変はないか？歩き方など行動もチェックしよう

子ネコを迎えるときは、健康状態を確認することも重要です。ノラネコや保護された子ネコの場合は、健康が万全なコを迎えるのが難しい場合もあります。そんなときは、家に連れてくる前に動物病院で健康チェックをしてもらいましょう（P26〜27）。

ネコの健康は見た目だけでなく、抱っこやなでたりして確認することが大切。体やネコの動きからわかる健康チェックのポイントを紹介します。

人になれていない子ネコはさわられるのを嫌がることがありますが、極端にさわられるのを嫌がるときは、体の不調が疑われるので要注意。

子ネコの行動をチェック！

ネコの行動をまずチェック！
動きが不自然なところがある場合は動物病院で診てもらいましょう。

- □ 動きが活発で、しなやかな歩き方をしているか
- □ おなかまわりや四肢が引きしまっているか
- □ ずっと鳴きつづけたりしていないか
- □ 体をなでられるのを、嫌がっていないか
- □ 目や耳、鼻などが汚れていないか
- □ 被毛に極端な抜け毛やハゲがないか
- □ 咳やクシャミをしていないか
- □ 動くものや音に反応しているか

元気いっぱいかな？
子ネコの体をチェック!

人になれていないネコは、なでられたり抱っこされるのを嫌がることもあります。体の各部をチェックして、気になる症状があるときは早めに動物病院へ。

耳

耳の中がきれいで、黒い耳アカなどがたまっていないか。悪臭がしないか。

口 歯 舌

口の中や歯肉がきれいなピンク色をしているか。歯はきれいで鋭く、歯肉が腫れていないか。ヨダレが出ているときは、口の中に傷や口内炎がある可能性がある。

目

目ヤニや白い膜が出たり、涙目になっていないか。目の前で手などを動かすと、しっかりと目で追うか。

鼻

起きているときは、軽く湿っているのが健康な状態。鼻水が出たり、クシャミをしていないか。

体全体

抱き上げたときに、体格のわりにずっしりと重みがあるか。筋肉がしっかりしているか。

お尻

肛門がきれいで、汚れたり赤く腫れていないか。汚れているときは下痢の疑いがある。米粒のようなものがあれば寄生虫の卵かもしれないので、病院で駆除してもらう。

四肢

太めのしっかりとした足で、歩き方がスムーズか。

被毛

毛並みがよくツヤがあり、薄い部分やハゲている部分がないか。薄毛などはアレルギー性皮膚炎や、カビによる脱毛の可能性がある。

おなか

ブヨブヨとせず引きしまっているか。体格、四肢のわりにおなかが大きいのは、内部寄生虫がいる場合がある。

足先

爪が抜けたり、肉球に傷がないか。

グッズ類の準備

子ネコを迎える前に必要なグッズを用意しておこう

子ネコの暮らしに欠かせない必需品から、あると便利なグッズまで。生活環境に合わせてそろえていくとよいでしょう。

必需品をそろえる

ゴハンやトイレ用品など初日から使うものを準備する

エサは子ネコ用のキャットフードを用意。子ネコは新しい家にきて、多少のストレスを感じているので、フードはそれまでと同じものをあげるのがおすすめです。ほかのフードに切り替えるときは、家になれてからにしましょう。

トイレとトイレ砂も用意し、家に子ネコがきたら、すぐに使えるようにしておきます。

初日から必要なもの

エサ

子ネコ用のキャットフード。

食器

ネコ専用の安定感のある皿を選ぶ。ヒゲがあたらない平らなものがよい。

爪とぎ器

床置きタイプ、縦型タイプなどがある。

トイレとトイレ砂

入りやすい高さ、形のトイレにトイレ砂を入れて準備。

キャリーケース

子ネコを病院などに連れて行くときの必需品。

そろえておきたいグッズ

お手入れや健康管理などに必要なグッズをそろえよう

ネコが家になれてきたら、少しずつお手入れもはじめましょう。ブラッシングや爪切りは欠かせないお手入れです。とくに長毛種のコは毛玉ができやすいのでこまめなブラッシングが必要です。

子ネコが快適に暮らせるように、お手入れのためのグッズや楽しく遊べるおもちゃなどをそろえておきましょう。首輪や名札は、脱走や迷子の際に役立つので、つけておくことをおすすめします。

爪とぎも子ネコのころから練習しよう。

その他の飼育グッズ

グルーミンググッズ

爪切り、ブラシ、スリッカーブラシ、歯ブラシ、コットンなど。

ベッド

安心してくつろげるベッドや箱などを用意。

首輪

動物病院へ行くときや脱走したときのためにつけておくよい。

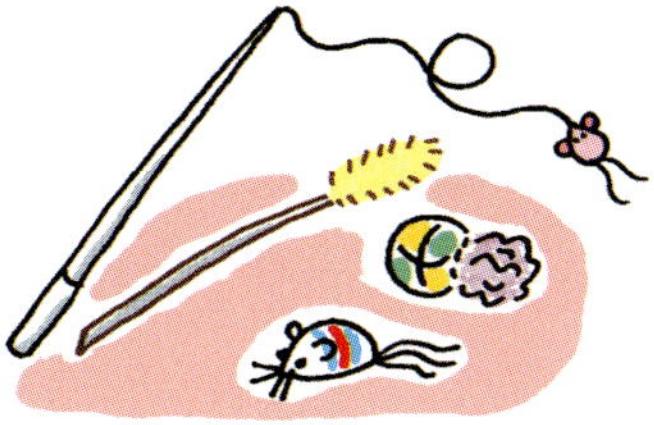

おもちゃ

棒を振って動かすネコじゃらしタイプや、ネコが自分で転がして遊ぶタイプなど。

名札

迷子札として、首輪につけておくのがおすすめ。

ネコ草

毛玉を吐き出すため、草を食べて胃を刺激する。

ネコが安心して自由に過ごせる環境を整えよう！

1日中、部屋の中で過ごすネコのために、安全で快適な部屋作りをしましょう。危険なものは片付けておきます。

ネコ専用スペースを作る

トイレやゴハンはネコ専用のスペースを！

部屋で快適にネコが生活できるように、安全で過ごしやすい環境を準備しましょう。

ネコはなわばりを大切にするため、自分だけのスペースを持つと落ち着きます。ネコ用のベッドを置き、トイレとゴハンは、ネコ専用の決まったスペースを作っておきましょう。

トイレを設置する

ネコのトイレは、安心して排泄できるように静かで落ち着ける場所を選びます。移動しないほうがいいので、はじめの場所選びが大事。部屋や廊下の隅、洗面所など、静かな場所にしましょう。きれい好きなネコのために、常に清潔にしておきます。

ゴハンは定位置で！

ゴハンと飲み水は、いつも同じ場所に食器を置いて出すようにします。トイレとは、離れた位置にするのがポイントです。

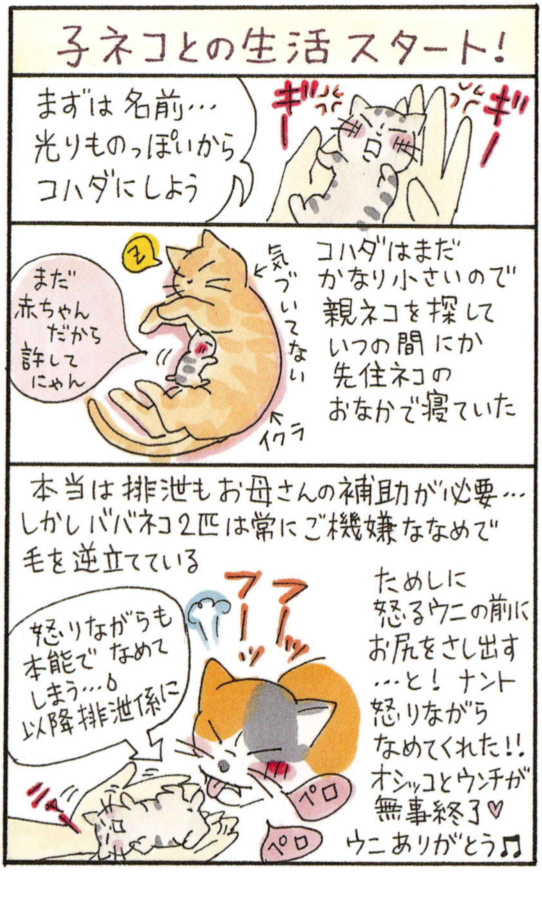

室内の安全対策は？

家電など危険なものは ネコがさわらないように工夫を

好奇心が旺盛なネコは、部屋中を活発に動き回って探検します。棚の上もキッチンカウンターも、ネコにとっては単なる通り道のひとつ。飼い主にとっては普通に快適に暮らしている部屋でも、ネコにはいろいろな危険があるのです。

コンセントで感電したり、キッチンでヤケドをしたりと、思わぬ事故が起こらないように室内をチェックしましょう。危ないものはできるだけ隠すか、カバーをつけるようにします。キッチンは、ガスコンロや刃もの、割れものなどが多いので、ネコが入れないようにするのが基本。

ネコがくる前に安全対策をしておきましょう。

安全対策チェック

- □ 電気コードはまとめて家具の裏などに隠す
- □ コンセントにはカバーをつけておく
- □ ハサミや針など、危ない小物は片付ける
- □ かじると危険な観葉植物や花は片付ける
- □ 灰皿や薬など、危険なものを置かない
- □ ネコが乗る場所には壊れやすいものを置かない

キッチンには入れないのが基本。ドアがない場合は、ガスコンロにカバーをするとよい。

窓や網戸を開けっぱなしにしない。屋外やベランダに自由に出ないように注意。

空き缶やヒモ、生ゴミなど、危ないものが多いゴミ箱は、ネコが届かない場所に置く。

お湯が入っている浴槽や、洗濯機は、ドアを閉めておくか、必ずフタをしておく。

家に迎える日

ドキドキの初日。かわいいネコが家にやってきた！

移動や環境の変化でネコにストレスを与えないように、かまいすぎないこと。
ネコが家になれるまで見守りましょう。

家に迎える日

家に連れてきた直後はかまわずに見守ってあげよう

ネコを迎える日は、家になれさせるため、午前中に連れてくるのがおすすめです。可能なら、朝ゴハンを抜いてもらうと移動で具合が悪くなるのを予防できます。移動は抱っこだと脱走する危険性があるので、かならずキャリーバッグなどに入れること。家に着いたらキャリーバッグを開け、ネコが自分から部屋に出てくるのを待ちます。

はじめは部屋の中を探検してまわったり、ネコによっては物陰に隠れてしまうこともあります。家になれるまではむやみにかまわず、自由にさせて見守ってあげましょう。初日からいじりまわすとネコが疲れてしまうので要注意です。

安心できるものを入れてあげる

ネコは環境が変わるとストレスを感じるので、デリケートなコは体調を崩すこともあります。子ネコを連れてくるときは、いままで使っていたタオルやおもちゃなどを一緒に入れてくるとよいでしょう。ネコは自分の匂いがあると安心できるのです。

家に迎えるポイント

- □ 朝はできれば、ゴハンを抜いておいてもらう
- □ 午前中に迎えに行き、早めに家に連れてくる
- □ 匂いがついたものがあればもらってくる
- □ 部屋を安全に整えておく（P20-21）
- □ キャリーバッグに入れて移動する
- □ 初日はトイレをセットし、ゴハンの世話だけをして、あとは自由にさせておく

あちこち探検中。

初日の世話

基本は自由にさせてあげて！ ゴハンとトイレを準備する

ネコが落ち着いてきたら、あらかじめ決めておいた場所でゴハンをあげます。はじめはそれまで食べていたフードと同じものを食べさせましょう。フードを変えるなら新しい環境になれてからにします。

トイレは静かな場所に置き、初日から場所を覚えさせましょう。そわそわして排泄する様子を見せたら、トイレに連れて行きます。使用済みのトイレ砂を少しもらって入れておくと、新しいトイレを使いやすくなります。

ネコ用の場所を用意

1日の大半を寝て過ごすネコのために、専用の居場所を用意。専用スペースとしてベッドや箱を置くのがおすすめです。もらってきたタオルを入れておけば、自分の匂いで安心して寝ることができます。

ただし、ネコは用意したベッドを使うとは限りません。ネコが自分でお気に入りの場所を選んだときは、好きにさせてあげましょう。

落ち着いてきたら
エサをあげよう。

名前をつけよう！

家に迎えたネコに、お似合いの名前をつけましょう。毛並みやカラー、顔つきや性格など、さまざまなイメージから個性的な名前をつけている人が多いようです。名前を呼べば、もちろん自分の名前を覚えてやがて反応するようになります。

先住動物がいる場合

ネコ同士の同居は組み合わせも大切！共同生活を考える

単独行動が基本のネコですが、
ほかのネコとの共同生活もできます。
複数飼いの際は相性や会わせ方も重要です。

複数飼いは？ 1匹でもさみしくないけど 2匹以上の複数飼いもOK

ネコは毎日、のんびり寝たり、毛づくろいしたり、遊んだり、マイペースで過ごしています。昼間、1匹で留守番していても、とくにさみしいことはありません。「遊び相手に」と思って2匹目を飼う人も多いですが、相性が悪いとかえってストレスになることもあるので注意します。

複数飼いは、ネコ同士の相性が大切です。新たにネコを迎えるときは、性別や年齢なども考えて選びましょう。

複数飼いは、先住ネコにストレスを与えないように配慮しよう。

ほかの動物となかよくできる？

ネコは狩猟本能を持った動物で、食欲が満たされていても狩りのような遊びをします。ネコじゃらしなどのおもちゃに興奮するのも、動きまわる獲物をつかまえようとする本能のなせるわざ。窓の外の鳥や飛んできた虫にも、敏感に反応します。

ネコとほかの動物は一緒に飼えるでしょうか？

小鳥やハムスターなどの小動物は、ケージに入っていても危険。魚の入った水槽は、水を飲んだり手を入れたりすることもあります。

ネコと接触させたくない動物は、ちがう部屋に避難させて、ネコが見えないようにするのが一番です。

イヌとは反目しながら無視したり、ときにはなかよしになる場合もあります。ケンカがないように、注意してあげるとよいでしょう。

よい相性の確率が高い組み合わせ

＜２匹の場合＞

先：親猫 × 新：自分の子ネコ
大きくなると親子関係はなくなるが、ずっと一緒なら相性はよい。

先：子ネコ × 新：子ネコ
きょうだいネコや、きょうだい以外でも子ネコ同士ならなかよくなりやすい。

先：おとなネコ × 新：子ネコ
おとなネコは子ネコにエサを残したりしてなかよく暮らせる確率が高い。

先：おとなネコ♀ × 新：おとなネコ♂
メスとオスの組み合わせは問題がないことが多い。避妊、去勢手術は必要。

＜３匹の場合＞

先：おとなネコ♀ × 新：おとなネコ♀
メスはなわばり意識が薄いため、おとなネコ同士でも大丈夫なことが多い。

先：おとなネコ♀　先：おとなネコ♀ × 新：子ネコ
先住ネコがメス同士で干渉しあわず平和な場合は、子ネコがきてもOK。

先：老ネコ × 新：子ネコ　新：子ネコ
子ネコ２匹で遊ぶのでおすすめ。子ネコならオス同士でもよい。

悪い相性の確率が高い組み合わせ

先：おとなネコ♂ × 新：おとなネコ♂
オス同士だとなわばり争いになることが多く、なかよくできないことが多い。

先：老ネコ × 新：子ネコ
遊びたいさかりの子ネコがくると、老ネコが疲れてしまう。

2匹目を迎える

先住ネコにストレスをかけないように時間をかけてご対面

新たなネコを迎えるときは、先住ネコに気を配ることが大切です。それまでは気ままにお気に入りの場所でくつろいでいたのに、自分のなわばりを荒らしかねない新入りがくるのですから、多少のストレスを受けるのは当然です。

新入りネコはいきなり対面させず、しばらく別の部屋で飼うか、同室ならケージに入れて隔離すること。とくに新入りが外ネコだった場合は、感染症などの心配もあるので別室で飼うのが基本です。

病気の心配がなくなったら、様子を見ながら対面させ、お互いになれて落ち着いてきてから同居させます。トイレは、ネコの数だけ用意するのが基本。

毎日の世話はもちろん、声をかけたりなでたりするときは、つねに先住ネコを優先するようにします。くれぐれも、新入りの子ネコばかりをかわいがったりすることのないように注意しましょう。

ネコがなかよくする姿が見られるのは、複数飼いならでは。

４匹以上は要注意!?

２匹、３匹ではとどまらず、飼いネコがどんどん増えてしまうケースもあります。ネコがお互いに争わず、干渉しないでいるなら複数飼いも可能です。

一般的に先住ネコがメスで、後からほかのメスやオスがくるパターンはうまくいくようです。しかし、「４匹目が来たら、最初の１匹だったメスネコが家出してしまった」というようなケースもあるので、新しいネコを迎えるのはくれぐれも慎重に。

その家の環境やネコの性格にもよりますが、先住ネコが幸せに暮らせるように気をつけましょう。

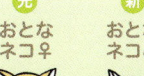

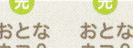

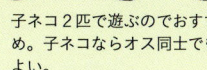

外ネコを迎える

拾ったノラネコを家に迎えるときは、まず健康診断を！

外暮らしのノラネコは、寄生虫がいたり
病気の可能性もあります。家に迎えるときは、
あらかじめ動物病院で健康チェックを！

ノラネコを迎える

健康状態をチェックするため はじめに動物病院へ行こう！

ネコを飼いはじめるきっかけとして「子ネコを拾った」ということも多いものです。外ネコを迎えるときに注意したいのは、ノミなどの寄生虫がいたり、感染症などの病気を持っているケースもあるということ。外ネコを家族に迎えると決意したときは、まず動物病院に連れて行きましょう。寄生虫の駆除や健康診断をしておくと安心です。

＊外ネコに多い病気は？

主な症状	考えられる病気
目ヤニや鼻水が出ている	鼻気管炎など
体をかゆがっている	ノミやシラミ、カイセンなどの寄生虫
お尻から何か出ている ウンチに何かいる	回虫、瓜実条虫《うりざねじょうちゅう》などの寄生虫
耳が汚い 耳をかゆがっている	耳ダニなど
下痢をしている 元気がない	コクシジウム、回虫など

ノラをウチのコにする

出たがってもガマンさせる！ 外ネコを家ネコにしよう

外ネコでも子ネコから飼う場合は、新しい生活に順応しやすいため家ネコにするのは簡単です。しかし、ノラのおとなネコを家ネコに迎える場合は、大変なこともあります。ここではおとなネコを室内ネコにするケースを考えます。なお、まず健康診断をしてもらうのは子ネコのときと同様です。

ノラネコは、毎日ゴハンをもらえる場所を探しながら、自分のなわばりをパトロールしたり、お気に入りの場所で寝たり、街路樹で爪とぎをしたり、ときにはネコとケンカをしたりと、自由気ままに過ごしています。そんな生活から一変して室内ネコにするとなると、はじめは外に出たがるため、飼い主さんは忍耐が必要です。

決めたら絶対に外に出さない

完全な室内飼いにするには、ネコがいくら催促しても外に出さないこと。鳴き声に根負けして、ちょっとだけ散歩に出したりすると、粘ればまた出してもらえると思うので、また、ふりだしに逆戻り。いくらドアや窓の前に座りこんで鳴きつづけても、強い意志で無視するようでなければ家ネコにすることはできません。

そのかわり、ネコのストレスを上手に発散させてあげましょう。おもちゃを与えたり、家の中でも縦に移動する運動ができるように家具の配置を工夫したり、キャットタワーを置くのもおすすめです。いちばんよいのは、飼い主さんがたくさん遊んであげること。お気に入りのおもちゃでネコが納得するまで遊んであげましょう。ハーネス（胴輪）をつけてときどき散歩に行く方法もありますが、脱走に注意してください（P116）。

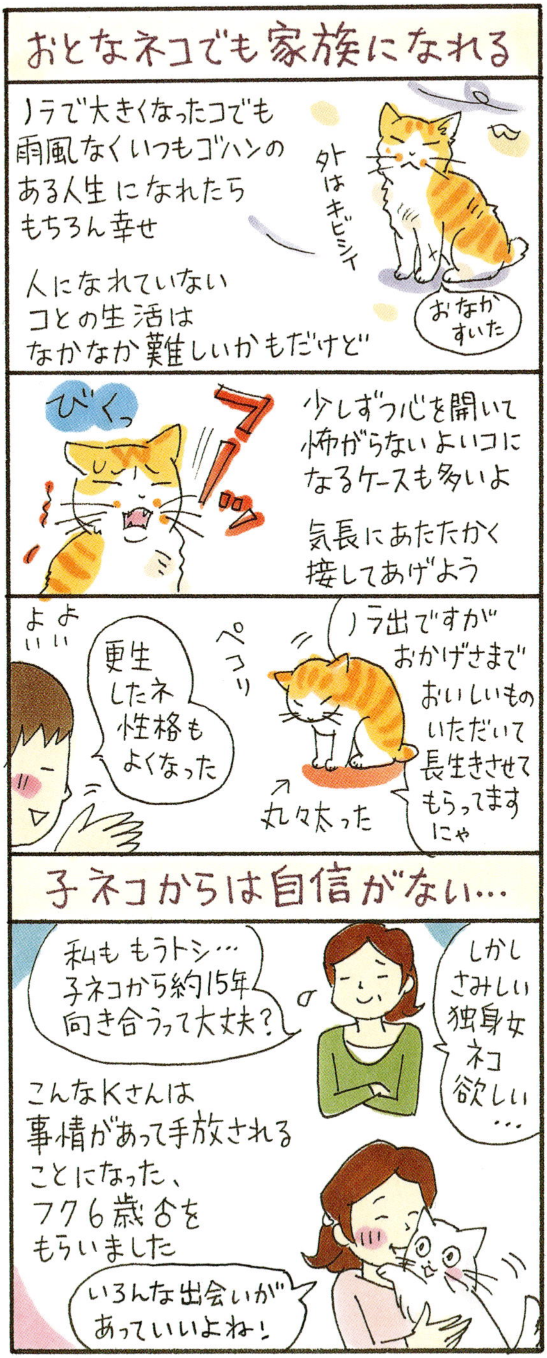
おとなネコでも家族になれる
ノラで大きくなったコでも雨風なくいつもゴハンのある人生になれたらもちろん幸せ
外はキビシイ
人になれていないコとの生活はなかなか難しいかもだけど
おなかすいた
びくっ
少しずつ心を開いて怖がらないよいコになるケースも多いよ
気長にあたたかく接してあげよう
よいよい
更生したネ 性格もよくなった
ペコリ
ノラ出ですがおかげさまでおいしいものいただいて長生きさせてもらってますにゃ
丸々太った
子ネコからは自信がない…
私ももうトシ… 子ネコから約15年向き合うって大丈夫？
しかしさみしい独身女ネコ欲しい…
こんなKさんは事情があって手放されることになった、フク6歳♂をもらいました
いろんな出会いがあっていいよね！

生後まもない子ネコを拾ったときのお世話

まだ乳飲み子の状態の子ネコを拾ったら、ミルクや排泄の世話が必要です。母ネコが子育てを放棄した場合の世話も同様です。

赤ちゃんネコの保温

体温が下がらないように保温しミルクや哺乳ビンを準備する

生後45日に満たない赤ちゃんネコを迎えるときは、母ネコに代わって世話をしなければなりません。人工哺乳と排泄の世話のほか、体温を維持するための保温が重要です。ネコ用ミルクや哺乳ビンも用意しましょう。

暖かい環境で育てる

赤ちゃんネコは、本来、母ネコの体にくっついて眠ります。生後1週間以内の子ネコはまだ体温調整が上手にできないため、ベッドは30～35度に保つのが理想。ペット用ヒーターや湯たんぽ、カイロなどをタオルに包み、子ネコが暑すぎないように置くこと。室温は24～25度くらいが理想的です。

赤ちゃんネコ用ベッドを準備

ベッド
段ボール箱など脱走できない高さのあるもの。

保温グッズ
湯たんぽやペット用ヒーター、カイロ、ペットボトルにお湯を入れたものなど、タオルを巻いてベッドの片側に置く。暑いときはネコが自分で移動できるようにする。

タオル
底に敷く。ループタイプではないほうが爪が引っかからなくてよい。汚れたらこまめに交換を。

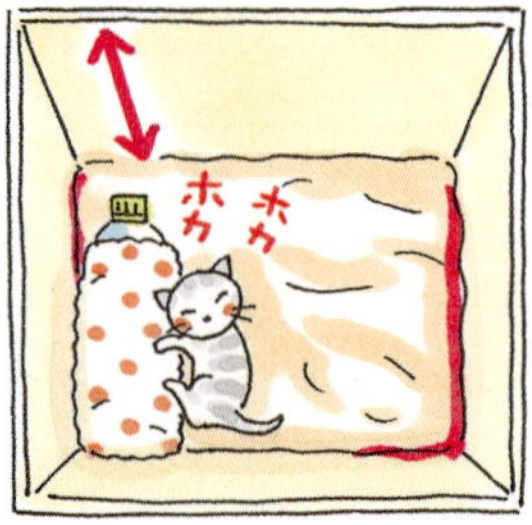

オス・メスの見分け方

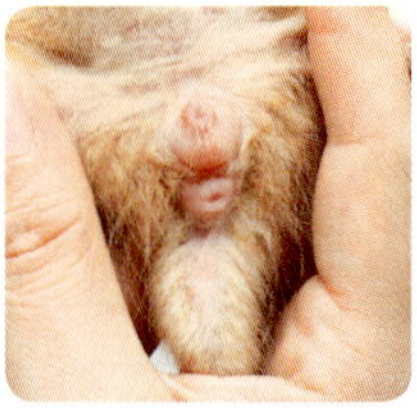

♂オス
肛門から陰部が遠い。生後2～3カ月以降、睾丸がこの部分に出てくる。

♀メス
肛門と陰部はオスより間隔が狭い。成長してもあまり変化はない。

授乳と排泄の世話

生後1カ月までの子ネコは ミルクと排泄の世話をしよう

赤ちゃんネコには、子ネコ用ミルクを温めて飲ませます。哺乳ビンを自力で吸えないときは、スポイトで舌の上にミルクをたらし、子ネコが自力で吸えるようになったら哺乳ビンを利用。ミルクの量は少しずつ増やします。飲みすぎで下痢をする場合は、回数はそのまま1回にあげる量を少し減らすこと。

排泄の世話は、ミルクを飲ませる前と後に行います。ぬるま湯でぬらしたガーゼなどで、母ネコがなめるように、やさしく肛門近くを刺激します。

生後1カ月ほどで離乳食スタート

生後30～45日になったら、成長の様子を見ながら離乳食を開始。離乳食は、ウェットタイプのキャットフードか、ドライフードを水でふやかしたものを与えます。フードは子ネコ用を選ぶこと。生後60日を目安に離乳食から通常の子ネコ用フードに切り替えましょう。

人工哺乳の方法

生後4～5日までは3時間ごとが目安。
その後、成長に応じて減らしていきますが、
最低でも1日3回以上、飲ませること。

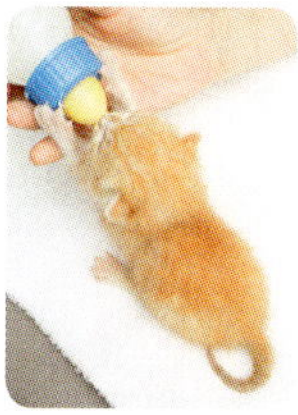

＊用意するもの

哺乳ビン
子ネコ用の哺乳ビン。緊急時はスポイトでもOK。

子ネコ用ミルク
子ネコ専用のものを選ぶ。牛乳は下痢の原因になるので緊急時以外は与えないこと。

1.

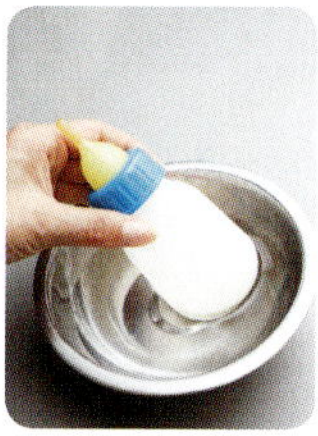

ネコ用ミルクをつくり、ネコ肌（約38度）に温めておく。

2.

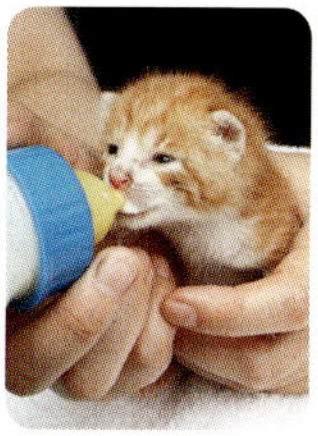

子ネコの上体を起こし、哺乳ビンを口にくわえさせてミルクを飲ませる。

3.

飲み終わって口を放し、おなかが飲む前よりポンポンにふくらんでいればOK。

赤ちゃんネコの成長

赤ちゃんネコは1日20時間以上眠っています。
哺乳と排泄の世話のほかは、
暖かくして、ゆっくり眠らせてあげましょう。

生後1週目まで	はじめは視覚、聴覚がなく、乳を飲んで排泄するほかは、ほとんど寝ている。生後約1週間でヘソの緒がとれる。
生後1～2週目	生後1週間くらいから目が開き、生後約2週間でちゃんと見えるようになる。だんだん自分で動きまわれるようになる。
生後2～3週目	生後約2週間から耳が聞こえるようになり、乳歯も生えてくる。子ネコらしい顔と体つきになり、動きまわれるようになる。
生後4週目	生後30～45日で離乳食が食べられるようになる。排泄が自力でできるようになったら、トイレでできるように練習する。

排泄の世話

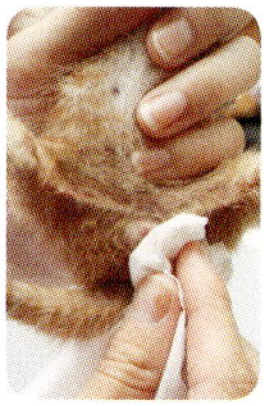

1.
哺乳の前と後に排泄させる。ぬるま湯でぬらしたガーゼやティッシュペーパーで肛門のあたりをやさしく刺激。

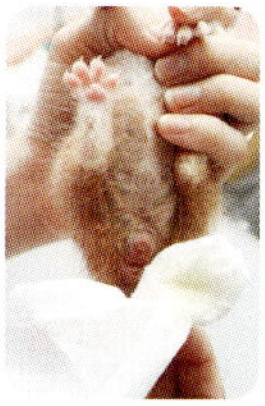

2.
排尿はじんわりしみる程度。排便は1日1回程度。3日以上排便がないときは動物病院で相談を。

体重を量る

元気に成長している場合は1日約5～10g増加。1週間で100gほど増える。毎日、体重を量って確認しよう。

ネコの成長

あっという間に おとなになる！ ネコの成長と一生

かわいい子ネコ時代はあっという間に過ぎ、
充実したおとなネコ時代に入ります。
ネコの成長スケジュールを知っておきましょう。

子ネコの社会化

いろいろな体験をさせて 爪切りなどお手入れにならそう

子ネコが家になれてきたら、小さいうちからはじめたいしつけがあります。ネコは自分で毛づくろいしますが、ブラッシングや爪切り、歯みがきなどのお手入れも必要です。大きくなってからはじめるのは大変なので、子ネコのうちからならしましょう。お手入れの方法はP138～145を参照してください。

普段は部屋で自由に過ごさせていると、キャリーケースを嫌がることもあります。病院に連れて行くときに困らないように、キャリーに入れたり、車に乗せたりするほか、ほかの動物に会わせたり、お客さんにさわってもらうなど、子ネコ時代にいろいろな経験をさせておくと安心です。

子ネコのワクチン接種

ネコの予防接種は、３種混合ワクチンが一般的。子ネコは母ネコの初乳から抗体をもらえますが、生後50日くらいから効果が薄れます。１回目のワクチン接種は、生後２カ月頃、その後、２回接種。おとなになったら年１回の接種が基本です（P119）。

＊子ネコのワクチン接種の時期

１回目	生後２カ月まで
２回目	生後３カ月
３回目	生後４カ月
４回目以降	１年に１回

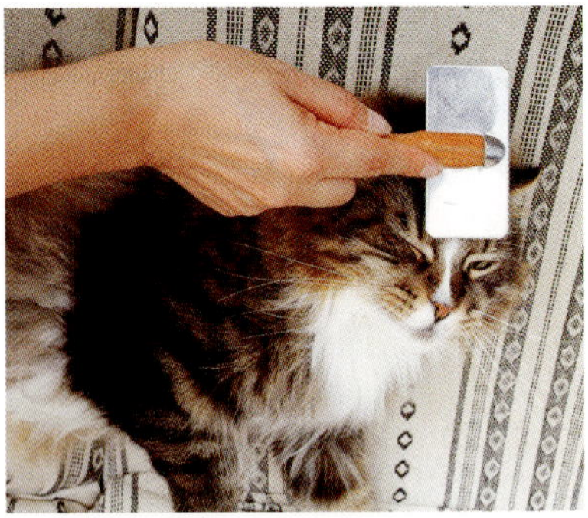

ブラッシングは子ネコのうちからならしておこう。

爪切りの練習も子ネコのときからスタートにゃ♪

ネコの成長スケジュール

	ネコの年齢	人の年齢	この時期の特徴と世話のポイント
授乳期～離乳期	出生	０歳	＊ 出生時の体重は100ｇ程度。目は開かず、耳も聞こえていない。 ＊ 母ネコが**母乳**を飲ませ、排泄の世話もする。
	１～２週目	１～３カ月	＊ 目が開き、耳が立ち、ハイハイのように**歩きまわる。** ＊ 体重は出生時の２～３倍になる。
	３週目	６カ月	＊ 乳歯が生えはじめ、排泄が自力でできるようになる。 ＊ 爪を引っこめられるようになる。 ＊ ペースト状の離乳食をはじめる。
	４週目	１歳	＊ 動きが活発になり、きょうだいネコとじゃれあったりする。 ＊ のどを鳴らすなどネコらしくなる。 ＊ 固形物も食べられるようになり、**乳離れする**時期なので、子ネコ用フードを食べさせる。
幼猫期	２カ月	３歳	＊ 乳歯が生えそろい、目が成猫の色になる。 ＊ **トイレのしつけ**ができる。 ＊ 最初の**ワクチン接種**を受けさせる。
	３カ月	５歳	＊ 体重は１～1.5kgになる。 ＊ グルーミングやシャンプーなどをはじめる。 ＊ **２回目のワクチン接種**をする。
	６カ月	９歳	＊ いたずらざかりの子ネコになる。 ＊ メスは５～７カ月で性成熟を迎える。オスは６～８カ月で成熟し、マーキングをはじめる。 ＊ 生後７カ月くらいから**去勢・避妊手術**ができるので、この時期に行うとよい。
	８カ月	11歳	＊ 乳歯が抜けて**永久歯**が生えそろう。 ＊ **歯みがき、爪切り**などの手入れをする。
成猫期	１歳	17歳	＊ １歳過ぎると体がほぼできあがり、成長が止まって大人になる。体重は3.5～4.5kg程度になる。 ＊ **繁殖も可能になる。** ＊ １歳半くらいから成猫用フードに切り替える。
	２～７歳	24～44歳	＊ ２歳以降は１年に人の４歳分ずつ歳をとる。 ＊ 若々しく活発に活動し、充実した成猫期を迎える。 ＊ ５歳くらいからは中年期に入り、次第に落ち着いてくる。 ＊ 中年期以降には太りやすくなる。太りすぎは病気にもつながるので注意する。
老猫期	８歳	48歳	＊ 老化がはじまり、顔に白髪がまじってくる。 ＊ 反応や動きが鈍くなり、活動量が減って睡眠時間が増える。 ＊ フードはシニア用に切り替える。
	10歳以降	56歳～	＊ １日の大半を寝て過ごすようになる。 ＊ 視覚、聴覚、嗅覚も衰える。 ＊ 歯周病などに注意し、**口のケア**を続ける。

C O L U M N

We love Cats! ❶
ネコの飼育にかかる費用は？

エサや砂代のほか、医療費も必要

ネコを飼いはじめるときには、まずトイレ、キャリーケースなどのグッズを準備する費用がかかります。普段の費用としては、エサ代と消耗品であるトイレ砂のほか、おもちゃ代などが主なものです。

健康管理のための予防接種や健康診断の費用はもちろん、動物病院にかかるときのことを考えて、飼育費用を用意しておきましょう。参考の金額を紹介しますが、数字は1匹あたりの金額です。医療費は、万が一のために定期的に積み立てしておくと安心です。

＊はじめにそろえるもの

トイレ	1000 ～ 5000円
キャリーケース	3000 ～ 20000円
ケージ	5000 ～ 30000円
ベッド	1200 ～ 20000円
爪とぎ器	500 ～ 3000円
食器	1000 ～ 2000円
おもちゃ	1000 ～ 3000円

＊消耗品など

食費（ドライフード）	1か月	1200円～
食費（ウェットフード）	1か月	3000円～
おやつ	1か月	200円～
トイレ砂	1か月	1000～3000円
ネコ草	200～500円	

エサ代は定期的にかかる。

＊医療費・グルーミング費

ワクチン予防接種	1回	4500～10000円
ノミ・ダニ予防	1回	700～1500円
健康診断	5000円～	
去勢手術	10000～30000円	
避妊手術	25000～50000円	
シャンプー（長毛種）	5000～8000円	

爪とぎ器は消耗品なので、ボロボロになったら交換。

ワクチン代などの医療費も必要。

※金額はだいたいの目安です。

Chapter 2

ネコのことをもっと知ろう！

* * *

ネコってどんな動物？

繊細でわがまま？ でも、一緒に 暮らすと楽しい！

ネコの魅力は、マイペースでわがままで、
でもさみしがりやな面もあるところ。
ネコの習性を知って、もっとなかよくなろう。

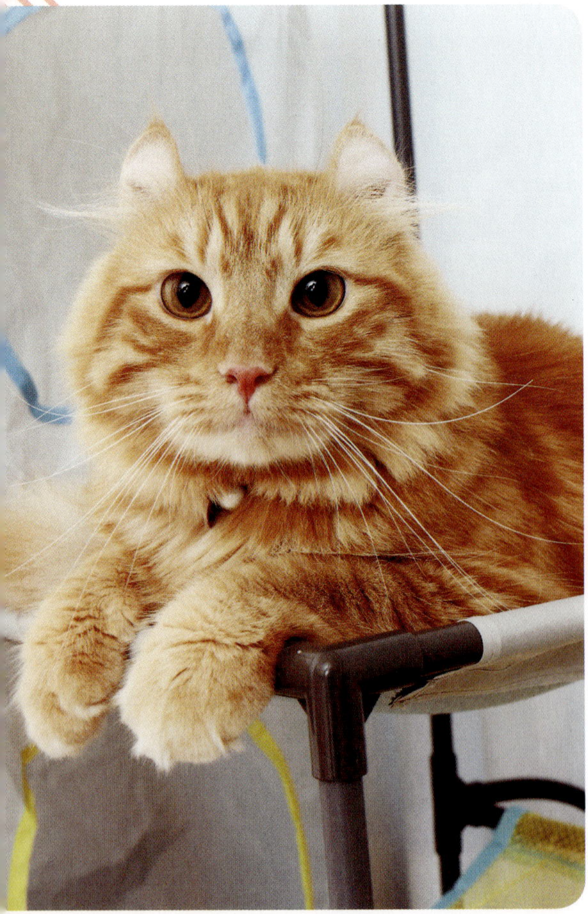

ネコの歴史

ネコと人とは紀元前からの長〜いおつきあい！

人とネコとの歴史は大変古く、約9500年前のキプロス島の遺跡に、ネコの痕跡が残されていました。その後、紀元前3000年頃の古代エジプトでは、人と一緒に埋葬されたネコの遺骸も発見されており、すでに飼いネコとしての歴史がはじまっていたとされています。

古代エジプトでのネコは、ペットというよりも崇拝の対象として大切に扱われ、国外への持ち出しも禁止されていました。

しかし、次第にヨーロッパ、インドへと渡り、船の積み荷の穀物をネズミから守るなど、より身近な存在へと変わっていったのです。日本へはインドから中国を経て、伝わったと考えられています。

ネコの飼い方は？

集合住宅でもＯＫ！室内飼いがおすすめ

ネコの日課でもっとも大切なのは、たっぷりの睡眠です。ネコは毎日、16時間以上は寝るといわれています。ゴハンを食べて気ままに遊び、のんびり休むネコの暮らしは、戸建てはもちろん、集合住宅で一緒に暮らすペットとしてもぴったりです。

外に住むノラネコは、行動範囲が広いように見えますが、実際は限られた範囲をテリトリーにしています。室内で暮らす飼いネコは、家の中だけで幸せに生活できる動物です。自由に室内を見まわったり、走ったり、家具やネコタワーを使って縦移動もできれば、運動と散策には十分。

ネコは単独行動が基本で留守番も得意なので、一人暮らしや昼間は留守になる家でも大丈夫。どんな人にも飼いやすくおすすめのペットです。

いつも何してる?
行動からネコがわかる!

いつも気まぐれに過ごしているように見えるネコですが、その行動には決まったパターンがあります。何げなく見える動作も、やはりネコの習性からくるものです。ちょっと不思議なネコの行動を、じっくり観察してみましょう。

基本はマイペース
*

野生では単独行動なので、普段は一人ぼっちでもOK。マイペースで行動します。飼い主さんは同居人や家族のような存在。

ときには甘えん坊
*

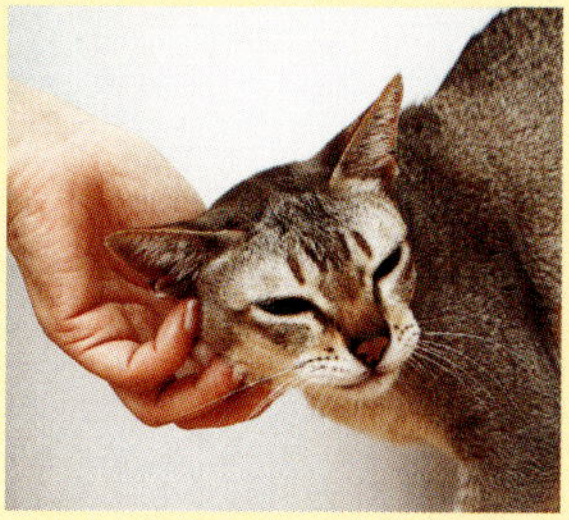

飼い主さんとは、つかず離れずのクールな関係が基本。でも、ときには飼い主さんにくっついて眠ったり、甘えん坊な面も。

なわばりが大事!
*

自分のなわばりを持つ動物なので、「いつもの場所」が大好き。部屋の中でも、お気に入りの場所で落ち着きます。

匂いをつけるにゃ
*

飼い主さんや物にスリスリするのは、自分の匂いをつけるため。なわばりや飼い主さんに匂いつけると安心するのです。

狩りをしたい!
*

肉食のネコは狩りで獲物を捕まえる本能を持っています。鳥や虫には大興奮。飼い主さんが動かすおもちゃもたまりません。

とにかく眠る
*

狩りをしないときに、ムダな体力を使うのはナンセンス。部屋中で一番気持ちのいい場所を見つけて、ひたすら寝ます。

どんなネコがいる？

顔型や毛色は？お気に入りのネコを見つけよう

いろいろな毛色や毛並み、個性的な目や顔立ち、体型など、ネコは種類によってルックスも性格もいろいろです。

顔形と体型

顔形のバリエーションも豊富 どんなニャンコ顔が好き？

ネコの顔形は3つのタイプがあります。また、体型は大きく4つのタイプがあり、細かく分けると6タイプです。顔形と体型を知っておきましょう。

顔のタイプ

丸顔

ペルシャ、ヒマラヤン、エキゾチックショートヘアなど。鼻がつぶれたぺちゃんこ顔のコもいる。

三角顔

シャム、アビシニアン、オリエンタルショートヘア、オシキャットなど。逆三角形の小顔でシャープな印象。

四角顔

アメリカンショートヘア、シャルトリュー、マンチカンなど。がっしり、しっかりした顔が特徴。

体型のタイプ

ずんぐり体型

腰幅があって、ずんぐりと丸っこい体型。「コビー」「セミコビー」と呼ばれ、コビーはペルシャやヒマラヤンなど、セミコビーはアメリカンショートヘア、スコティッシュホールドなど。

ほっそり体型

全体的に体が細く、しなやかで、「オリエンタル」タイプと呼ばれる。シャム、コーニッシュレックス、バリニーズなどがこのタイプ。

やや丸いスリム体型

スリムでありながらも、オリエンタルよりやや筋肉質なのは「フォーリン」「セミフォーリン」タイプ。前者はアビシニアンやロシアンブルーなど、後者はアメリカンカールやトンキニーズなど。

筋肉質のがっしり体型

体格が大きく、体が長く、筋肉質で骨太なタイプは「ロング＆サブスタンシャル」と呼ばれます。メインクーンやノルウェージャンフォレストキャット、ラグドールなど。

毛の長さ・色と模様

短毛？　それとも長毛？ 被毛のタイプと模様

ネコの被毛は、毛が短くてなめらかな手ざわりの短毛種と、長くやわらかな長毛種の２種類です。

毛色は単色のもののほか、２色以上が模様になっているものなどがいます。

単色

全身が単色のものを血統書では「ソリッド」と呼ぶ。

ホワイト

ブラック

グレー
（ブルーとも呼ぶ）

しま模様

クラシック
タビー

アメリカンショートヘアのように渦巻き模様に縞が入る。

マッカレル
タビー

シンプルに背中からおなかに向かって平行な縞模様が入る。

スポテッド
タビー

ヒョウのように斑点模様が体の両サイドに入る。

ブチ模様

２色以上がまだらに模様が入るブチは、色が入る場所によって個性もいろいろ。

２色

白と黒などの２色はバイカラーと呼ぶ。

３色

黒、白、茶の３色のミケはキャリコとも呼ばれる。

ポインテッド

体の先端に色が入るのは、シャムやヒマラヤンなど。

＊ネコの目の不思議

ネコの目の色は、ブルー系やグリーン、ゴールドなどがあります。じつは、生まれてから間もない子ネコの目は、ほとんどがブルー系。その後、成長につれて色が固定し、なかにはゴールドなどに変化する場合も。生後約２カ月で、そのネコ本来の目の色になります。

ブルー系
（サファイアブルー、ブルー、アクア）
グリーン系
（グリーン、ヘーゼル）
イエロー
ゴールド
オレンジ
カッパー

オッドアイ

左右の目の色がちがうオッドアイ。片方がブルーで、もう片方がゴールドやグリーン。白ネコに多く出る。

＊雑種ネコに多い模様は？

日本の雑種ネコは単色のほか、茶トラやキジトラなどの２色模様もいます。トラ模様は、マッカレルタビーの一種です。

茶トラ
キジトラ
サバトラ

＊ミケネコはみんなメス？

白、黒、茶、グレーなどの中から３色が入るブチ模様になったミケは、メスしかいないというのは有名な話で、これは染色体の遺伝によるものです。ごくわずかながら染色体異常の親からオスのミケネコが生まれることもありますが、繁殖能力がないケースが多いようです。

飼いやすい人気種

世界のネコ図鑑

いろいろな毛色や毛並がかわいいネコたち。
個性的豊かな世界のネコから、人気の飼いやすい品種を紹介します。

Abyssinian

アビシニアン

原産国	エチオピア
体　重	3～5kg
毛の長さ	短毛種
毛　色	フォーン、シナモン、ルディ、ブルー、レッドなど
目の色	グリーン、ヘーゼル、ゴールドなど
鳴き声	小さい
運動量	多い
性　格	好奇心が旺盛だが、神経質な面もある

しなやかで優雅な姿が魅力

エジプト神話の女神の化身ともいわれるほど、歴史の古いネコ。スリムで筋肉質なしなやかなボディのフォーリンタイプで、1本の毛に2～3色が帯状に入るティックドタビーと呼ばれる輝く毛色が特徴。

飼い方POINT!

活発なので、たくさん運動させる。おもちゃで遊んであげるとよい。食べ過ぎには注意。

→細見のボディに美しい被毛。

↑色や模様はさまざま。

飼い方POINT!

陽気でおだやかな性格と賢さで人気のネコ。タワーなどで縦方向の運動をさせ、しっかり食べさせる。

American Shorthair

アメリカンショートヘア

原産国	アメリカ
体　重	3～6kg
毛の長さ	短毛種
毛　色	シルバー、ブラウンなどすべての色
目の色	ブルー、グリーン、ヘーゼルなど
鳴き声	普通
運動量	やや多い
性　格	陽気で明るく、人なつこい

多彩な模様と陽気さで人気

かつてイギリスからアメリカに渡ったメイフラワー号に、ネズミとりなどのために乗せられたネコがルーツといわれています。タビー模様が有名ですが、色や模様は多彩で単色やブチのコもいます。

↓さまざまなカラーがいる。

American Curl

アメリカンカール

原産国	アメリカ
体　重	3〜6.5kg
毛の長さ	長毛種
毛　色	ブラック、レッドなどすべての色
目の色	ブルー、ゴールドなどすべての色
鳴き声	普通
運動量	やや多い
性　格	おだやかで賢く、よくなれる

キュートなカール耳が個性的

耳がカールしたネコをブリーディングして、固定させた種。耳は生後4カ月ほどでクルンとカールしますが、カールしないコもいます。美しい長毛も魅力。

飼い方POINT！

キャットタワーを置くなど、よく運動させる。成長期はしっかり栄養を摂取させるようにしよう。

↓シッポは5〜7cmくらい。

飼い方POINT！

遊び好きなのでおもちゃなどで遊んであげよう。食べ過ぎに気をつけ、毎日ブラッシングを。

Japanese Bobtail

ジャパニーズボブテイル

原産国	日本
体　重	3〜4.5kg
毛の長さ	短毛種、長毛種
毛　色	ブラック、レッドなどすべての色
目の色	ブルー、ゴールドなどすべての色
鳴き声	普通
運動量	多い
性　格	従順でやさしく控えめ。遊び好き

ポンポンシッポがキュート

最大の特徴である短いシッポは劣性遺伝のため、両親がともにボブテイルでないと出ません。すべての色がありますが、海外でも「mike（ミケ）」が人気。

↑全体的にがっしりした印象。

飼い方POINT！

大型になるネコなので、しっかり食べさせて、よく運動させる。ブラッシングは1日1回程度。

Chartreux

シャルトリュー

原産国	フランス
体　重	4〜6.5kg
毛の長さ	短毛種
毛　色	ブルーのみ
目の色	ゴールド、オレンジ、カッパー
鳴き声	やや小さい
運動量	やや多い
性　格	おとなしめだが、とても賢い

フランス生まれのブルーキャット

ふわふわのブルーコートで、ゆったりマイペースな性格が飼いやすいです。口元がとがらず丸いことから「ほほえみネコ」と呼ばれることもあります。

←小さな顔に大きな目と耳が印象的。

飼い方POINT！

好奇心は旺盛だが、気難しい面も。人なつこいので、おもちゃなどで遊んであげよう。

Singapura

シンガプーラ

原産国	シンガポール
体　重	2〜3.5kg
毛の長さ	短毛種
毛　色	セーブルのみ
目の色	グリーン、ゴールド、カッパーなど
鳴き声	やや小さい
運動量	普通
性　格	甘えん坊でやや神経質。人によくなれる

ベビーフェイスの小さなネコ

シンガポールで自然発生した最小サイズのネコ。1本の毛に部分的に色の変化があるティックドタビーで、動くたびに被毛の表情が出ます。

Scottish Fold

スコティッシュホールド

原産国	短毛種はイギリス、長毛種はアメリカ
体　重	3～5.5kg
毛の長さ	短毛種、長毛種
毛　色	ブラック、レッドなどすべての色
目の色	ブルー、ゴールドなどすべての色
鳴き声	普通
運動量	普通
性　格	穏やかでおとなしく、マイペース

ちょこんと垂れた耳がキュート

イギリスで偶然発見された、耳が前に折れたネコがルーツといわれます。大きくがっしりとした体形にかわいい顔立ち、穏やかでのんびりとした動きが人気。ほかのネコとの同居もしやすいようです。

飼い方POINT!

おだやかで人なつこいので、お気に入りのおもちゃなどで遊んであげよう。毎日のブラッシングも重要。

↑3色のキャリコ。

↑長毛種のブラック。

Tonkinese

トンキニーズ

原産国	カナダ
体　重	3.5～5kg
毛の長さ	短毛種
毛　色	チョコレート、ライラックなどホワイト以外
目の色	ブルー、グリーン、ゴールドなど
鳴き声	普通
運動量	やや多い
性　格	好奇心が旺盛で感受性豊か

シャムネコ譲りのルックス

タイのネコ、バーミーズとシャムから作られ、バーミーズのミンクコートと呼ばれるつややかな被毛を受け継いでいます。クールな外見に似合わず好奇心旺盛で活発です。

飼い方POINT!

遊び好きのネコなので、おもちゃなどでたくさん遊んであげよう。キャットタワーの設置もおすすめ。

↑シャムよりも丸みのある体型。

Norwegian Forest Cat

ノルウェージャンフォレストキャット

原産国	ノルウェー
体　重	3.5～6.5kg
毛の長さ	長毛種
毛　色	ブラウン、レッドなどすべての色
目の色	ブルー、グリーン、ゴールドなど
鳴き声	やや小さい
運動量	多い
性　格	繊細なところがあるが温和

ふわふわ被毛の大型ネコ

頑丈な体と分厚いコートは、気候の厳しいスカンジナビアの森で暮らしていたルーツを思わせます。性格は温和ですが運動量は豊富。毎日のブラッシングで美しい被毛を保ちましょう。

飼い方POINT!

大型になるので、よく食べさせ、よく運動させること。おもちゃやキャットタワーでの運動も効果的。

↑がっしり体型の長毛種。

Himalayan

ヒマラヤン

原産国	イギリス
体　重	3～5.5kg
毛の長さ	長毛種
毛　色	シナモン、レッドなどすべての色
目の色	サファイヤブルーのみ
鳴き声	やや小さい
運動量	やや少ない
性　格	静かでおとなしく、のんびりタイプ

愛らしい鼻ペチャ顔で人気

ふさふさのロングコートに、顔、耳、四肢、シッポだけに色が入るポイント模様が優雅で華やか。ペルシャにシャムのポイントを入れた種。あまり活発に動くタイプではなく、静かでおとなしいネコです。

↑鼻ペチャがチャームポイント。

飼い方POINT!
1日2回のブラッシングで美しい被毛を維持。お気に入りのおもちゃでときどき遊んであげよう。

British Shorthair

ブリティッシュショートヘア

原産国	イギリス
体　重	4.5～5.5kg
毛の長さ	短毛種、長毛種
毛　色	ブルー、レッドなどすべての色
目の色	グリーン、ゴールド、カッパーなど
鳴き声	やや小さい
運動量	多い
性　格	賢くて、物静かな性格

ロングヘアもいる

どっしりとした体格に丸顔、太い首が特徴。ローマからイギリスに渡りネズミ退治に活躍していたネコが、ペットとして人気に。現在はブルー以外にも多くの色やパターンがあり、ロングタイプもいます。

←がっちりした体形も魅力。

飼い方POINT!
遊び好きなので、しっかり遊んで運動させよう。運動量が多いぶん、よく食べさせる。

↓レッドポイント。

↑ブラックスモーク。

↑パーティカラー。

↓ブラウンダビー。

飼い方POINT!
長い被毛を美しく保つには1日2回のブラッシングを。甘えてきたら遊んであげよう。

Persian

ペルシャ

原産国	アフガニスタン
体　重	3～5.5kg
毛の長さ	長毛種
毛　色	ブラック、レッドなどすべての色
目の色	ブルー、イエローなど、サファイヤブルー以外のすべての色
鳴き声	やや小さい
運動量	やや少ない
性　格	穏やかで従順

飾り毛がゴージャスな長毛種

ペルシャからスパイスや宝石などの高級品と一緒にヨーロッパに渡りました。長毛で、つぶれたように低く上を向いた鼻、離れ気味の目がチャームポイント（写真の4匹は子ネコ）。

Bengal

ベンガル

原産国	アメリカ
体　重	3.5～5kg
毛の長さ	短毛種
毛　色	ブラックのみ
目の色	グリーンやイエローなど、オッドアイ以外の色
鳴き声	やや大きい
運動量	多い
性　格	穏やかで人なつこい

ワイルドなスポット模様

もともとは野生のヤマネコであるアジアンレパードと、オスネコの交配から作られた純血種。野生的な美しいスポット模様が特徴ですが、性格はごく穏やかでフレンドリー。運動量は多めです。

飼い方POINT!
遊ぶのが大好きなので、おもちゃでよく遊んであげよう。縦方向の運動も効果的。

↑スポット模様が特徴的。

Bombay

ボンベイ

原産国	アメリカ
体　重	3.5～4.5kg
毛の長さ	短毛種
毛　色	ブラックのみ
目の色	ゴールド、オレンジ、カッパー
鳴き声	普通
運動量	やや多い
性　格	好奇心旺盛で活発

つややかな漆黒が美しい

黒ヒョウ風のネコをめざして、バーミーズやアメリカンショートヘアなどから作られた純血種。つややかな黒の短毛が美しく、鼻や肉球も真っ黒です。少し離れた大きな丸い目と、丸みのあるマズルも特徴。

↓骨格はしっかりして重量感がある。

飼い方POINT!
好奇心が旺盛で遊び好きなので、おもちゃなどで遊んであげて、しっかり運動させること。

飼い方POINT!
おだやかですが、遊ぶのも大好き。おもちゃやキャットタワーなどでしっかり運動させましょう。

↑ダブルコートのたっぷりした被毛。

Maine Coon

メインクーン

原産国	アメリカ
体　重	3～6.5kg
毛の長さ	長毛種
毛　色	ブラウン、レッドなどすべての色
目の色	ブルー、グリーン、オレンジなど
鳴き声	やや小さい
運動量	やや多い
性　格	落ち着きがあって物静か

大きくてワイルドな長毛種

がっしりと大きな体格で、豊かな長毛でさらに大きく見えます。首まわりやお尻、シッポの飾り毛が豪華で、タビーやパーティカラーなど多彩。耳は先がとがっていて、四角いマズルが特徴的。

↑おっとりして美しいネコ。

飼い方POINT！

人なつこく甘えん坊なので、寄ってきたら遊んであげよう。ブラッシングは1日1回が理想的。

Ragdool

ラグドール

原産国	＊ アメリカ
体　重	＊ 4～7kg
毛の長さ	＊ 長毛種
毛　色	＊ フォーン、ライラックなどホワイト以外
目の色	＊ サファイヤブルーのみ
鳴き声	＊ 普通
運動量	＊ やや多い
性　格	＊ おとなしくて静か

名前は「ぬいぐるみ」の意味

鳴き声が静かで、おとなしく抱っこされるのも好きなことから名付けられています。大きくなる品種で、胸板が厚く重量級。たっぷりとしたダブルコートで、ふさふさしたシッポは体長ぐらいあります。

Laperm

ラ・パーマ

原産国	＊ アメリカ
体　重	＊ 4～6kg
毛の長さ	＊ 短毛種、長毛種
毛　色	＊ ブルー、レッドなどすべての色
目の色	＊ ブルー、ゴールドなどすべての色
鳴き声	＊ 普通
運動量	＊ やや多い
性　格	＊ 穏やかで甘えん坊。賢い

ゆるふわのカーリーヘア

パーマをかけたようなゆるいカールがかかった毛並みが個性的。とくに胸元のまき毛がクルクルとカールして、ゴージャスな雰囲気です。体はスリムで頭部は小さいセミフォーリンタイプ。

飼い方POINT！

おもちゃやキャットタワーなどでよく運動させるとよい。1日1回のブラッシングで被毛を美しく保つ。

↑毛並みのカールに個性が出る。

Russian Blue

ロシアンブルー

↓ブルーグレーの美しい毛が神秘的。

原産国	＊ イギリス
体　重	＊ 3～5kg
毛の長さ	＊ 短毛種
毛　色	＊ ブルーのみ
目の色	＊ グリーンのみ
鳴き声	＊ 小さい
運動量	＊ やや多い
性　格	＊ とても静かで内気

ブルーグレーの被毛が美しい

細くしなやかなブルーの毛並みが、毛の根元と先端の色のちがいでシルバーのように輝いて見えます。体はスリムで顔の小さなフォーリンタイプ。ほとんど鳴かない静かなネコです。

飼い方POINT！

やや神経質なので静かな環境を整える。寄ってきたらおもちゃなどでしっかり遊んであげよう。

ネコの体の特徴と能力

しなやかで バランス力抜群！ ネコの体と身体能力

俊敏な動きが自慢のネコ。
体はどんな構造になっているのかな？
ネコの体や五感の秘密を紹介！

ネコの体を徹底解剖！

狩りをするために体が発達！ ネコは高い身体能力を持っている

ネコは生まれながらのハンターで、本来、獲物を捕食して生きる肉食動物です。その運動能力の高さや敏捷性は、野生時代からの名残といえるでしょう。音をたてずに歩き、獲物に忍び寄るのも、狩りをする動物ならではの特技です。

ネコの体には、どんな秘密が隠されているのか？体の各部の名称や働きを紹介します。

ハンターならではの高い運動能力を持っている。

ネコの骨格

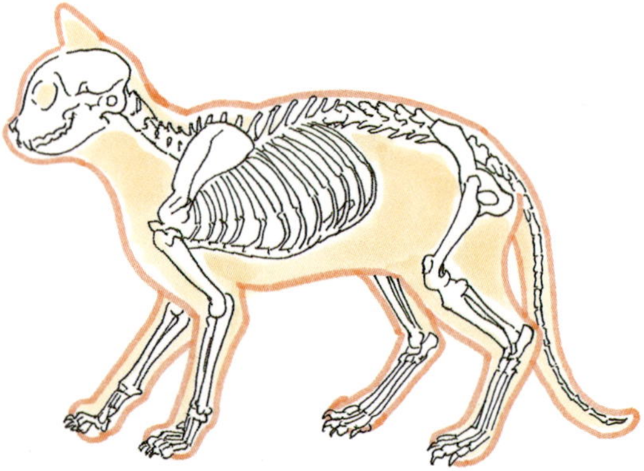

ネコの骨は人間より約40本多い。
関節の数も人より多い。

ネコの体

ヒジ＊前足の関節。伏せたり起きるときに体を支える。

ヒザ＊後ろ足の関節、膝の強力なバネを使ってジャンプ。

尾＊ジャンプや歩くときなどにバランスをとる。

手根＊ヒジの先の関節部分で、人の手首にあたる部分。

飛節＊ヒザより先の関節部分で、人のかかとにあたる部分。

触毛＊前足の手根球のやや上にある。ジャンプや歩くときに利用しているとされる。

顔

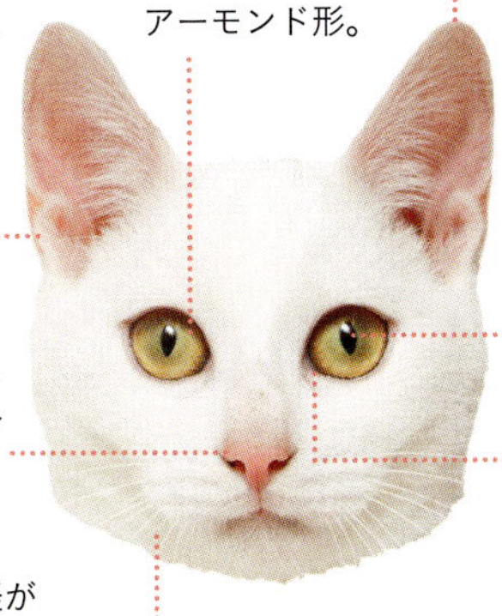

小袋＊耳のつけ根の部分が二重になっている。

目＊丸形またはアーモンド形。

耳＊30以上の筋肉があり、180度方向転換できる。

瞳孔＊光の量を調整して、暗い場所でもよく見える。

鼻＊皮膚が露出して湿っている部分を鼻鏡と呼ぶ。

瞬膜＊目頭の奥にあり、閉じると出てくるまぶた。

ヒゲ＊根元に神経があり、わずかな風の動きなども感知。

肉球

肉球は厚い皮膚で覆われ、クッションとなるほか汗腺がある。

前足

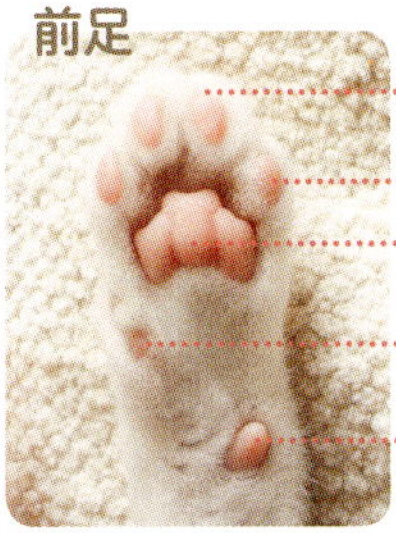

- 爪
- 指球（しきゅう）
- 掌球（しょうきゅう）
- 狼爪
- 手根球

後ろ足

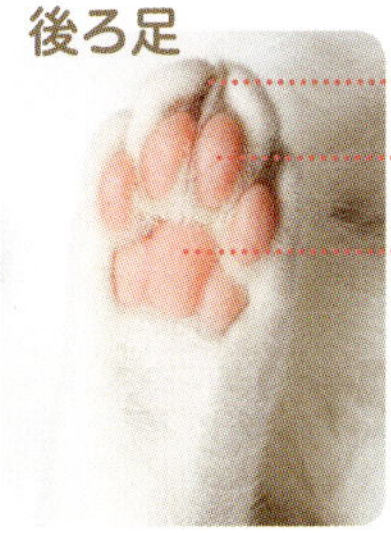

- 爪
- 趾球（しきゅう）
- 足底球（そくていきゅう）

口

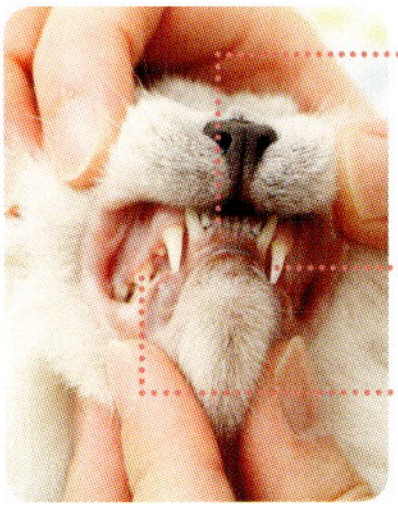

切歯＊前歯で獲物の毛や羽をむしる。毛づくろいにも使う。上下６本ずつ。

犬歯＊獲物に刺す長く鋭い犬歯。上下２本ずつ。

臼歯＊食べ物を切り裂く奥歯。全部で14本。

舌

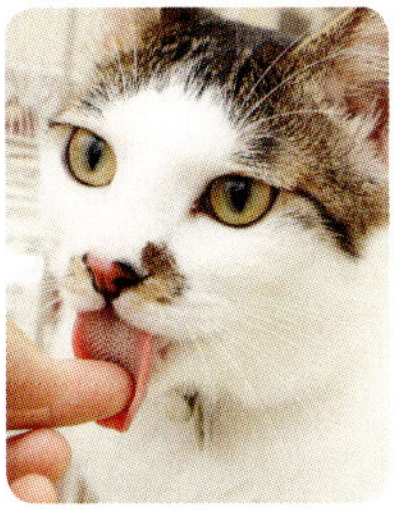

表面にノドのほうに向いたトゲのようなザラザラした乳頭がある。なめる、飲む、骨から肉をこそげとるほか、毛並を整え、ゴミや抜け毛を除くクシの役割もある。

ネコの身体能力と五感

野生の時代から進化してきた ネコならではの優秀な能力

ネコの動きの特徴は、なんといっても独特のしなやかさと跳躍力、瞬発力のすごさ。狩りをしない家ネコとなっても、部屋の中で上へ下へと動きまわる俊敏さを見せてくれます。

また、ネコの鋭い五感は、野生のハンターとして生き抜くために欠かせない能力です。暗闇の中でもモノが見えたり、目が光ったりといった目の特徴のほか、人には聞こえない音をキャッチするなど、ネコは私たち人間とはちがう多くの能力を持っています。ネコは獲物をとらえるために有利な優秀な五感が発達しているのです。

ジャンプ力

＊

ジャンプするときは、腰から後ろ足、かかとまでを使って、背骨をしならせて伸び上がります。体長の約５倍まで飛ぶことができるといわれています。

瞬発力

＊

人の手の平やかかとにあたる部分は、つねに地面につけず爪先立ちの状態のため、いつでも走り出せる瞬発力があります。時速50kmで走ることが可能。

バランス力

＊

細い塀の上をこともなく歩いたり、高所から落ちても瞬時に体勢を立て直すなど、バランス感覚が抜群。幅約３～４センチの場所でも歩けるのです。

柔軟力

＊

人より骨、関節、筋肉の数が多いため、より柔軟な動きが可能。体をねじったり、丸めたり、狭い隙間に入っていけるのも、柔軟性が高いためです。

高い場所から 華麗にヒラリ～！

ネコは高いところが大好き。高く飛び上がるジャンプ力、不安定なところも歩けるバランス感覚に加え、ヒラリと飛び降りるバツグンの反射神経も持っています。

体をちぢめて力をためて、一気に全身を伸ばしてジャンプ。背中から落ちた場合、頭→前足→上体→お尻の順にひねり、わずか60センチほど落下する間に向きを変えることが可能。最後に背中を丸めて足から降り、肉球のクッションを利用してソフトに着地。

視覚

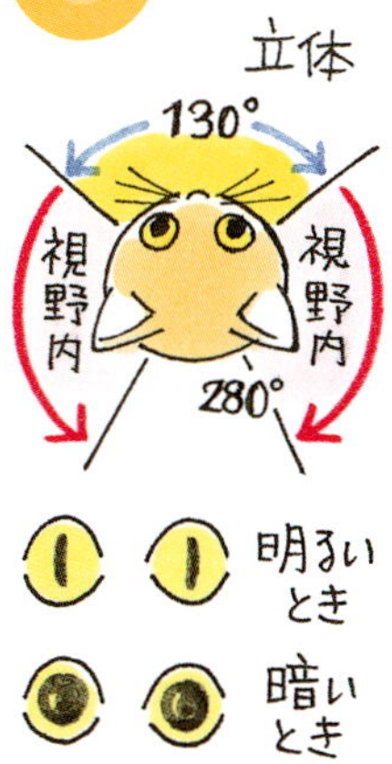
立体
130°
視野内
視野内
280°
明るいとき
暗いとき

ネコは全体視野が280度、両目で同時に見る立体視が130度もあるといわれます。ちなみに人の全体視野は210度、立体視野は120度です。また、暗闇でネコの目が光るのは、網膜の裏にタペタムという反射板があるため。このタペタムに反射させることで、暗闇では人の５倍も明るく見えます。明るいときは瞳孔が細い線のように絞られ、暗いときには真ん丸に開いて光を調整。さらに、ネコは動体視力が抜群に優れているといわれます。

反面、視力は人の約10分の１ほどといわれ、色の識別も苦手。よく見えるのは２〜６メートルの範囲とされています。

聴覚

ピクッ!
聞こえてるよ〜
ヒソヒソ…
あ!耳だけこっち向いてる♪

人の可聴範囲は20〜2万ヘルツほどですが、ネコは25〜7万５千ヘルツといわれ、イヌの40〜６万５千ヘルツよりも感度が上。人に聞こえない超音波もキャッチできるのです。

また、ネコは音がするほうに片耳だけをパッと動かしたりしますが、ネコの耳には32個もの筋肉があり、自由に動かすことが可能。ネコは獲物を待ち伏せするタイプのハンターですが、相手が立てるちょっとした音を聞き逃さず、距離や方向を察知するために、高度に発達したといえるでしょう。耳の中の前庭には耳石があり、体のバランスをとっています。

味覚

舌のトゲトゲは毛づくろいではクシの役割

ネコの舌には味を感じる細胞があり、苦味、甘味、酸味、塩辛さを感知。ただし味覚はそれほど発達していないとされ、食べものは味より嗅覚で判断していることが多いようです。

嗅覚

ニオイからいろいろわかるにゃ
情報解読
ヤコブソン器官

ネコの嗅細胞の数は人間の約２倍で、20〜27万倍も鋭い嗅覚があります。鼻は汗と皮脂で湿っていますが、濡れていることでより感度がアップ。匂いだけなく、温度変化も感知しているといわれています。

さらに、上アゴの奥にあるヤコブソン器官（P61）にも嗅覚があり、匂いでさまざまな情報を得ることが可能。ネコが人やモノにすりすりするのは匂いつけが目的ですが、私たちには嗅ぎ分けられない多くの情報をネコは感知しているというわけです。

触覚

ヒゲ
ヒゲを結んだ大きさまで通り抜けられるともいわれるよ
神経
血管

目の上、口元、頬、アゴなどに生えている白くて太い毛は、触毛と呼ばれる感覚器官。根元に神経があり、触れるだけでわずかな重さや動きをも感知するほか、モノに触れなくても空気の流れまでキャッチ。片頬につき約50〜60本ほどあり、数本単位で動かすことが可能です。

暗い所でも動けるのは、視覚だけでなくヒゲの感覚によるところも多いのです。すべてのヒゲの先端（アゴ・口の左右・ほっぺたの４ヶ所）を結ぶと、そのネコが通り抜けられる最低限の大きさの楕円形になるため、通れるかどうかがヒゲで判断できるともいわれています。

ネコのボディランゲージ

しぐさや表情、鳴き声でわかるネコの気持ち

ネコを観察してみると、目や耳、ヒゲやシッポなどの動きからいろいろな表情がわかります。ウチのコはいま、どんな気持ちかな？

いまどんな気持ち？

ネコはとても表情が豊か！ 目や耳、ヒゲなどに注目しよう

ネコはとても表情の変化が多彩で、感情表現が豊かです。瞳孔の大きさ、耳の向き、ヒゲの角度、シッポの動き、毛並などから、ネコの気持ちを探りましょう。

体全体で気持ちを表現

興味しんしん

耳を立てて興味の方向に向けている。目は見開いて瞳孔は真ん丸。顔の筋肉に力が入るので、ヒゲもピン！ シッポはピンと立てたり、ゆるやかに振る。

怖い！

耳を後ろに伏せ、姿勢を低くしているのは防御の体勢。さらに、瞳孔が広がって黒眼がちになっているときは恐怖や不安で緊張している。

威嚇

耳を横に倒し、全身の毛を逆立て、瞳孔が開き、キバをむいているときは、内心ではおびえながら相手を威嚇。「シャー」と鳴くときはさらに攻撃的。

ゴロン！

自分に注意を向けてほしいときや遊んでほしいときに、飼い主さんのそばにきてころがる。おなかを出すことも。リラックスしているしるし。

ネコの表情で気持ちを知ろう

ふつう

落ち着いているとき。耳は前を向き、目の大きさも標準。

リラックス

目はやや閉じ気味で、耳は前に向いてヒゲも自然な状態。満足して機嫌がいいとき、リラックスしているときの表情。

怒った！

耳は後ろ向き、ヒゲは下に下がり気味。瞳孔は縦に細くなっている。

怖い！

耳を横に倒し、ヒゲはピンピンと張る。目は黒目が大きくなっている状態。

集中！

耳は前向きで、目は瞳孔が大きく黒目がち。ヒゲはピンとして獲物の動きを敏感に察知。

ネコの気持ちがわかっちゃう
へい へーい
いつもの目
わく わく
うずっ
黒目が大きくなって うずうずっ
そっちでしょ!
なんなのヨ
ごろん
ケンカしてると間に入りおなかを出し甘える… 仲裁のつもり??
ふだんはフニャーのヒゲが
グル グル
ピーン
よしよし
なでてもらったり気持ちいいとピーンと張って前の方に向く
顔はそっぽを向いてても実は聞いている
耳だけうしろ向き
…
ダメでしょっ!
フン
フンッ
気に入らないと鼻をならす なんてコも…

Unya!

ネコ語をマスター

野生のネコは、おとなになるとあまり鳴かない。
単独行動が基本なので、鳴くのは恋の季節かケンカのときくらい。
「ゴハン！」「遊んで」など鳴いて催促するときは子ネコモード（P59）かもしれません。

「ニャー」「ニャーオ」

要求・お願いなど

ごはんや遊びの催促、ドアを開けてほしいときや、ただ「ねえねえ」と呼んでいるときも。

「ニャッ」「ウニャ」

あいさつ

「やあ！」といった感じの軽いあいさつ。飼い主さんにも、こんなあいさつをしてくれる。

「カカカッ」「ケケケケ」

獲物発見！

窓の外の鳥を見ているとき、昆虫を見つけたときなどに出す、獲物を見つけて興奮したときの特殊な鳴き声。

「ミギャー！」

怒り

見知らぬネコに向かって、興奮状態で怒っているとき。ケンカの前の警戒、威嚇の鳴き声など。

「アオーン」「オワーン」

不安・苦痛・発情

不安や動揺の「どうしよう」「助けてー」のほか、発情期で鳴き交わすときもこの声。

「ウニャウニャ」「グルルル」

ひとり言

一人でのんびりリラックスしているとき、楽しいとき、わくわくしているときに発してしまうひとり言。

「ミャッミャッ」「ニャニャニャ」

文句

ちょっとした不満など、軽く文句をいいたいとき。「えーっ」「ブツブツ」といった感じ。

「シャー！」「ウー！」

恐怖・威嚇

怖いときや相手を威嚇するとき、やめてほしいときなどに出す鳴き声。このとき、耳は倒していることが多い。

「ゴロゴロ」

満足

ご機嫌で満足しているときの声。子ネコ時代に母ネコにＯＫの気持ちを伝えた声の名残。

シッポ語をマスター

Pin!

パタパタ振ったり、ピンと立てたり、ネコのシッポの動きはとっても多彩。
体は動いていなくても、感情に合わせてついシッポがぴくぴく。
シッポの動きでわかるネコの気持ちをチェック。

シッポを立てて寄ってくる

ピンと立てて近づいてくるのは、かまってほしいモードのとき。遊んでほしい、おなかがすいたなど、甘えたい気持ちで寄ってくる。こんなときは一緒に遊んであげよう。

ピーン!!
かつおぶし〜♪
ワ〜イ!

シッポを大きくふる

シッポを左右に大きくブンブンふるのは、イライラしているとき。イヌが喜んでいるときのような振り方だが、ネコの場合は不機嫌の表れ。顔も緊張していて、攻撃的になることもある。

ネー 遊ぼうよ〜!
ぶん
ぶん
今さわらないで!!

シッポをピクリ

寝ているときやくつろいでいるときに呼ぶと、シッポの先だけをピクリ、パタリと動かすことがある。動きたくないけど、とりあえず返事はしておくにゃ、といった反応のよう。

いいコにしててネ〜
ピク
ハイハイ

シッポがボワッ

シッポの毛を逆立てて、ボワッと大きく膨らませていたら、何かに驚いたか恐怖を感じているサイン。強い恐怖感のときは、シッポを体の下に巻き込んでしまう。

ボワッ
ゆ…ゆるしてにゃ……

ネコは眠るのが仕事!?

1日15時間以上！たっぷり眠るのはネコの日常です

のんびりとくつろいで眠るネコの姿は、見ているこちらも幸せにしてくれるもの。ネコの眠りの秘密に迫ります！

睡眠時間はどのくらい？

眠ってばかりいるのにはちゃんと理由がある！

ネコと暮らしていると「うちのネコ、いつ見ても寝てるな〜」と思う人も多いはず。実際、ネコの睡眠時間は、おとなネコでも１日15〜16時間程度といわれています。子ネコやシニアネコでは、睡眠時間はさらに長くなり18〜20時間ほど。寝てばかりいるように見えるのは、当然といえるでしょう。

睡眠時間の長さは、食性と深い関わりがあります。野生の動物は、食べることと眠ること、繁殖で子孫を残すことが主な仕事です。草食動物は、植物を大量に摂る必要があるため、１日に何時間も食べ続けなければなりません。

しかし、肉食動物はちがいます。獲物をしとめて食事をしたら、あとの時間はむやみに活動するより寝て過ごすほうが効率的。狩りにそなえてエネルギーを温存しているのです。家で暮らすネコたちは狩りをする必要はありません。でも、肉食性のネコがたくさん眠るのには、ちゃんと理由があったのです。

雨の日のネコはずっと寝てる？

雨の日は、ネコの睡眠時間は普段にも増して多いようです。これも「狩りがしにくい悪天候の日に起きて活動するのはムダにゃ」という、祖先から伝えられた本能のなせるワザ。天気のよい日に必要なだけ狩りをして、雨の日は眠って体力を温存。ネコの合理的な習性です。そもそも「寝る子」だから「ネコ」と呼ばれるようになったという説もあるほどですから、好きなだけ寝かせてあげたいですね。

うちのネコ、どこで寝てる？

寝る場所にはかなりのこだわりがある！

「部屋の中で一番いい場所はネコに聞け！」といわれるほど、ネコは快適な場所を見つけるのが得意です。ネコにとっての快適温度は約22度。夏は涼しく、冬は暖かい場所を目ざとく発見します。

寝場所ランキング

ネコはどんなところで寝ているかな？　ネコがよくいるお気に入りの場所を紹介。

夏編

❶ 風が抜ける廊下や階段の踊り場

❷ 玄関など床が冷たいところ

❸ 窓辺の涼しいところ

冬編

❶ 日差しがあたるところ

❷ 布団やネコ用ベッド

❸ 暖房器具のそば

落ち着くところ

❶ 箱の中や狭いところ

❷ 飼い主さんの近く

❸ 高くて見渡せるところ

ネコの眠り
さわ〜
夏はのびて寝る
暑いのイヤ
ヌク〜
寒いのキライ
冬は丸まって寝る
ポジティブなコ
いつも人のそば
ぐぐ
ネガティブなコ
落ち着く
自分で開けたり…
ううぅ…く…くるしい
ぐぐ
それぞれのお気に入りでネコは寝る
ひたすら寝る…
ただいま〜
ガチャッ
ター
おかえりー
わ〜待ってたんだー
留守番さみしかったの〜？
ごめんネ〜
うん！
ず――――っと
Z
寝てただけにゃ

ネコの眠りは浅い？

熟睡しているのは睡眠時間のうちごくわずか

ネコの睡眠の多くは、何かあればすぐに起きられるうたた寝モード。１日約15～16時間の睡眠のうち、12時間はうたた寝といわれています。野生では、何か危険があればすぐに起きて移動する必要があります。そのため、昼寝をするにしても、見晴らしがよい高い場所や、すぐに逃げられる安全なところを選ぶというわけです。

また、押し入れの奥や箱などの隠れられる場所は、ネコが安心して眠れる場所といえるでしょう。

猫も夢を見る？

ネコの睡眠の約４分の３はうたた寝モードですが、残りの４分の１は浅い眠りと深い眠りだといわれています。30～60分ほどの浅い眠りにはさまれた深い眠りは約５～10分ほど。この深い眠りはレム睡眠と呼ばれます。

眠っているネコを見ていると、ときどきまぶたやヒゲをピクピクさせていることがあります。ときには「にゃにゃにゃ」なんて寝言をいうことも。こんなとき、ネコはレム睡眠中なので、夢を見ている可能性あり。いったいどんな夢を見ているのでしょうか？それはネコのみが知る永遠の謎です。

寝姿とネコの気持ち

きゅっと丸くなって眠っていたかと思うと、
手足を大きく伸ばしてだらっとしていたり。ネコの気持ちを寝姿から探ってみましょう。

寝姿と温度

＊丸くなる
やや寒い。気温約15度以下。

＊くっついて眠る
やや寒い。なかよしのしるし。

＊標準型
ふつう。快適な温度。

＊のびる
暑い。体温を逃がしている。

寝姿と気分

＊スフィンクス型
警戒。すぐに移動できる姿勢。

＊箱すわり
やや警戒。

＊標準型
ふつう。やや安心。

＊のびる
リラックスしている。

＊あおむけ
超リラックス中。

ぐーっと伸ばして活動開始

目覚めの「のび」は すぐに行動するための準備

ネコが寝起きに体をぐーっとのばしてアクビをするのは、よく見かけるポーズです。これは、体を目覚めさせるための行動。筋肉をストレッチし、脳に酸素を送り、すぐに活動できる準備をしているというわけ。

人間のように、寝起きでいつまでもボーっとしているなんて、ネコにはないのかもしれません。

のび ①

前足をぐーっとのばす。
のびの基本形。

のび ②

①背中を丸めて上にくーっとのびる。

②前方に体重移動をして後ろ足をのばす。

③大アクビをしてたっぷり酸素を吸い、脳と筋肉に酸素を送り込んで準備完了！

zzzzz...

どんな夢見てるの？
金太はいつも
おなかを出して
寝ている
ZZZZ
怖いめに
合ったことが
ない王子育ち
野生ならすぐに
やられてしまうけど…
寝ているときにおなかを
さわってもグルグルいって決して起きない…
ピクッ
ピクピクッ
コハダは
育ち盛り
寝ている間も
よくピクピク動く
大きくなっている最中？
ウニはすごくくいしん坊
どんなに遠くで寝ていても
かつおぶしのニオイや
袋の開く音でやってくる
ムニャ
ちょーだい
タタダ…
ある日ソファで寝ていたが
ニオイがすると
目を閉じたまま
首を上げ
鼻だけクンクンしていた
クン
クン
クン
起きたらまずのび〜
ん〜…
いい夢見た
にゃ

不思議な行動は
狩りをする動物には
必要不可欠！

毛づくろい、爪とぎ、すりすり…。
気ままに過ごすネコたちをそっと観察！
行動や習性の不思議を知っておこう。

孤独なハンターの名残

気になるネコの行動は ハンターゆえの宿命!?

昼間は寝てばかりのネコですが、本領を発揮するのは夕方や明け方などの時間帯。この時間になるとネコがいきいきと活動することが多いのは、本来、薄暗い時間帯に狩りをしていたからです。ネコの狩りは、伏せて獲物を待ち、すきをついて飛びかかるスタイル。ネコが遊んでいるところを見ていると、そんな狩りの本能が見てとれます。

ネコの習性の多くは、ハンターゆえの行動であることが多いようです。
「どうしてこうするの？」と思ったときは、まずネコの気持ちを探ってみましょう。

爪をとぐ

どこでもバリバリしたい！

ネコが爪とぎをするのは、いつでも狩りができるように爪を鋭くとがらせておくため。バリバリすることで古い爪を落とし、下の新しい爪を出すのです。

さらに、爪のまわりには匂いを出す臭腺があるため、爪とぎはマーキングの意味もあります。自分のなわばりの中でくつろぐためにも、あちこちで爪とぎをして匂いをつけたいというわけです。

爪を鋭く保つと同時に匂いをつける。

毛をなめる

お手入れのためだけじゃない！

毛づくろいには、大きく４つの役割があります。

＊汚れを取って清潔にする

毛づくろいは、体の汚れを取り、清潔に保つことが第一の目的。待ち伏せ型ハンターであるネコが強烈な匂いを発していては相手に気づかれてしまうため、まめなお手入れが欠かせません。

＊体温を調節する

暑いときに毛づくろいをして毛を濡らすと、乾くときの気化熱で体温を下げることができます。逆に寒いときには、毛並みを整えてフワフワにすることで、空気を取りこんで保温する効果があります。

＊ビタミンDを摂取

日光を浴びると体表面にビタミンDが作られるため、毛をなめて栄養補給をしているという説もあります。

＊リラックスする

びっくりしたときや、怒られて動揺したときなど、突然毛づくろいをはじめることがあります。ネコにとって毛づくろいは、体に自分の匂いをつけ、落ち着いたり、心身ともにリラックスする行動なのです。

毛づくろい時のよくある順番

食事のあと

★舌なめずり→前足→顔を洗う

全身のお手入れ

★顔→胸→背中

動揺や照れ隠しのとき

★顔を洗う・背中をなめる

トイレのあと

★お尻のまわり→うしろ足→シッポ

マーキング

すりすりは匂いつけ！

ネコがあちこちにすりすりしながら歩くのは、マーキングのため。ネコの頭や口、尾の付近には臭腺があり、すりすりすることで自分の匂いをつけているのです。家の中はネコにとってなわばりなので、家具や物、飼い主さんなどに匂いをつけると、ネコは安心するというわけ。

ちなみにオスネコは、立ったままオシッコを後ろに飛ばす行動をよくとりますが、これもマーキングです。これはやめさせることはできないので、早めに去勢することで予防しましょう（P122)。

砂をざざっ

排泄したら匂いを消す！

ネコがトイレで排泄したあとに砂をざざっとかけるのは、自分の匂いを消すための行動。敵に自分の居場所を知られないようにすることは、狩りの成功率をアップさせることにつながります。ただ、砂をかけても完全に匂いは消えませんが、かすかな排泄物の匂いはマーキングの役割も果たします。

ときどき、エサの匂いをかいだあとなどに砂をざざっとやるしぐさをすることがあります。これは「あとで食べよう」「ちがうゴハンを出して」などの意味があるようです。

高い場所にいる

見渡せる場所が好き！

「ネコがいない！」と思ったら、家具や冷蔵庫の上に陣取っていることがよくあります。高い場所は上から獲物を観察できるので、安心できる位置。また、飼い主にしつこくされたくないときや、知らない人がきたときなども、高いところへ避難。ここなら気配を観察しつつ安心してくつろげるためです。

狭い場所にいる

箱や暗い場所は安心！

ネコは箱や袋などの狭い場所、クローゼットの奥などの暗い場所に入るのが大好き。これは祖先から受け継いだ本能で、木の洞などの狭い穴をねぐらにしていた名残といわれています。狭くて落ち着く場所は、安心して眠れる場所。多くのネコは箱を見ると入らずにはいられないようです。

ネコが嫌いなモノは？

ネコが苦手なことの代表というと、体が濡れること。とくにシャンプーは、濡れて自分の匂いを消された上にドライヤーで乾かされるので、大嫌いなコが多いようです。ドライヤーのほかにも、掃除機などの大きなモーター音は苦手なニャンコが多いはず。大きな声で話す人、しつこく追いかけてくる子どもなども同様です。

匂いでは、酢や柑橘系、歯みがき粉や湿布などの刺激的な匂いがダメ。ミカンをむいていると、わざわざ嗅ぎにきて、嫌な顔をして去っていくというコも。嫌な匂いでも嗅がずにはいられないのがネコの性（サガ）なのかもしれません。

飼い主との関係

そのときの気分で変わる？ 子ネコモードと親ネコモード

ネコと飼い主の関係を観察していると、どうやらそのときの気分によって、子ネコモード、親ネコモード、同居人モードの３パターンがあるようです。

子ネコモード

ネコが布団やヒザの上に乗って、前足を交互に出す「ふみふみ」や「もみもみ」と呼ばれる行動。これは、子ネコモードのときです。子ネコのときに母ネコのおっぱいをもみもみしながら飲んでいたときの名残といわれ、たいていゴロゴロ言っています。なかにはチュウチュウ毛布を吸ったりして、すっかり赤ちゃん返りしてしまうニャンコも。こんなときは、やさしく見守ってあげましょう。

親ネコモード

昆虫やネズミ、トカゲなどを捕まえて得意げに持ってくることもありますが、これは親ネコモード。そんな獲物を得意げに見せられても困るだけですが、ネコとしては大満足でご満悦。「捕まえてきたから、お食べ」と言っているかどうかはわかりませんが、飼い主さんへの愛情表現のひとつであることは確かなようです。こんなときも叱ったりせず、そっと片づけるのが心ある飼い主さんのマナーでしょう。また、飼い主さんの体をぺろぺろなめてくれることもありますが、これは親ネコorきょうだいネコモードでしょう。

同居人モード

そうかと思えば名前を呼んでも返事もしないとか、しつこくすると怒るなど、同居人モードのことも。

このように気分によって子ネコ、親ネコ、同居人モードを使い分けてくるのは、飼いネコならではの現象のようです。いずれにしても、リラックスして幸せそうなときは、見守ってあげればＯＫです。

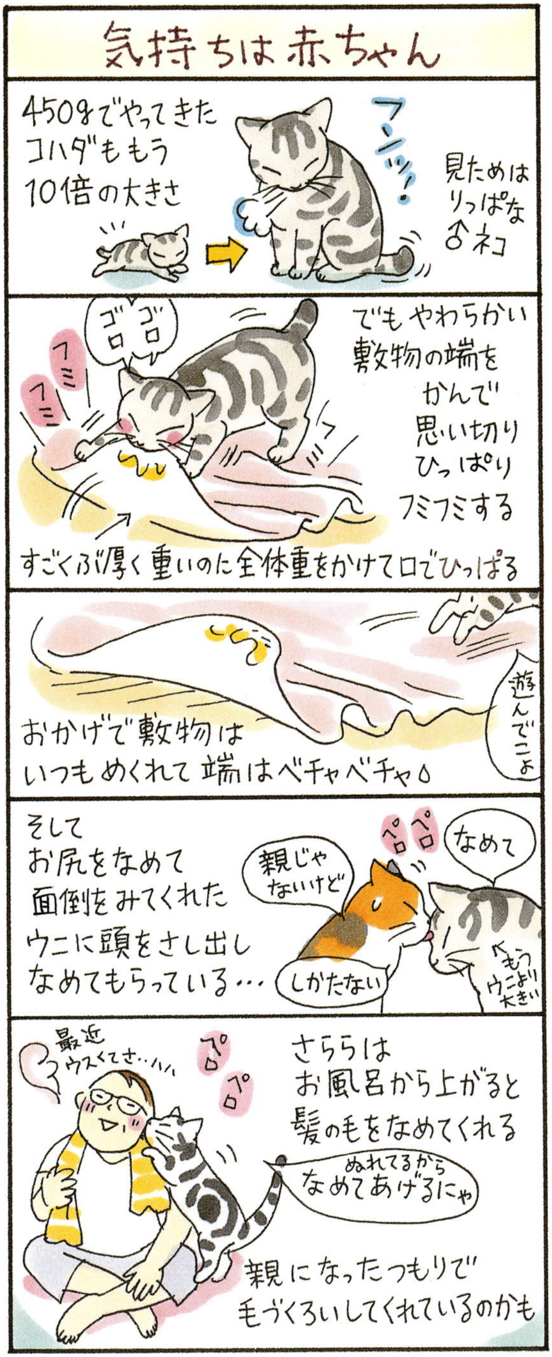

気持ちは赤ちゃん
450gでやってきたコハダももう10倍の大きさ
フンッ！
見ためはりっぱな♂ネコ
ゴロゴロ
フミ
フミ
でもやわらかい敷物の端をかんで思い切りひっぱりフミフミする
すごくぶ厚く重いのに全体重をかけて口でひっぱる
おかげで敷物はいつもめくれて端はベチャベチャ
遊んでこよ
そしてお尻をなめて面倒をみてくれたウニに頭をさし出しなめてもらっている…
親じゃないけど
ペロ
ペロ
なめて
しかたない
もうウニより大きい
最近ウスくてさ…ハハ
ペロ
ペロ
さららはお風呂から上がると髪の毛をなめてくれる
ぬれてるからなめてあげるにゃ
親になったつもりで毛づくろいしてくれているのかも

ネコに喜んでもらえる対応策つき！

これってどんな意味？ Q&A

「そうだったのか！」気持ちがわかった上で、
ネコに喜んでもらえる対応ができれば、さらなる信頼関係が築けるはず。
りっぱな飼い主になれるようにがんばりましょう。

意味があるのにゃ～

Q1. 読んでいる新聞や、パソコンのキーボードの上にわざわざ乗ってきて、いつもジャマをするので困っています。

A. 新聞や雑誌を読んでいると、わざわざ上に乗ってくることがよくあります。パソコンに向かっているときは、キーボードや手の上に乗ってくることも。これは、飼い主さんのジャマをするというより、自分以外のものに集中している飼い主が気になり、様子を見にきた結果、かまってもらおうとしている可能性が大です。

対応策＊「どいて！」などと冷たく対応するとネコはがっかり。「よしよし」と顔やノドをなでてあげるのが正解。お気に入りのおもちゃで遊んであげればカンペキ！

Q2. 顔の前にモノや指などを出すと、いつも嗅いできます。どうしてでしょう？

A. ネコの顔の前に何か出すと、たいていクンクンと匂いを嗅いできます。これは、匂いで確認しているため。ネコは視覚より嗅覚が発達した動物（P47）。「？」とか「！」などと思ったときは、まず匂いを嗅いでチェックするのです。

対応策＊ネコは嗅がずにはいられないので、ときどき指を出して嗅いでもらいましょう。嗅がれたあとは、やさしくなでて。これで信頼関係が深まるはず。

Q3. じっと1点を見つめているけど何かが見えてるの？

A. ネコはときどき、じっと空中や天井を凝視していることがあります。「人には見えない霊か何かが見えているのか!?」などと思いがちですが、単に耳を澄ませているだけのことがほとんど。ネコの聴覚は人よりはるかに優れ、人には聞こえない超音波まで聞こえているからです。

対応策＊ 静かに見ているなら放っておけばＯＫ。「にゃにゃ！」などと鳴くときは「どうしたの？」とやさしく対応します。

Q4. うちのネコは、よく頭やアゴを何かに乗せて眠っています。ネコも枕があると寝やすいのでしょうか？

A. ネコがクッションに寄りかかったり、箱のフチにアゴを乗せているのは、よく見られる光景です。これは子ネコのとき、母ネコのおなかに頭を乗せて寝ていたことに由来するともいわれています。母ネコに頭を乗せて眠っていたときのことを思い出すと安心して眠れるのでしょう。

対応策＊ネコが寝る場所に箱やクッション、枕などを用意。アゴ乗せネコは見ている人を幸せにしてくれます。

Q5. 靴や靴下の匂いを嗅いだあと、口を開けてヘンな顔をしています。臭かったのでしょうか？

A. ネコは鼻のほかに匂いを感知する部分が上アゴにあります。それは、ヤコブソン器官と呼ばれる２本の管状の器官。ヤコブソン器官では、おもにフェロモンなどを嗅ぎ分けているようです。ヤコブソン器官を使って匂いを嗅ぐとき、ネコは口を開けて笑っているような表情になり、これをフレーメン反応と呼びます。靴や靴下の匂いは、ネコのフェロモンの匂いに似ているのか、よくこの表情になるネコが多いようです。ウンチやオシッコ、自分のお尻をなめた後などにも見られます。ちなみに、ネコのほかにウマやウシ、トラもフレーメン反応をする動物として知られています。

対応策＊靴などのほかにも、またたび、キャットニップ、歯みがき粉などに対してフレーメン反応が見られるので、あなたのネコがどんな匂いに反応するか観察。わざと嗅がせてフレーメン顔を楽しむのも一興です。

ネコが何かくさいもののニオイをかいでこんな顔で固まっていた！
くん
くん
そんなにくさかったのっ!?
いえいえ これは
フレーメン反応といって
フェロモンを分析中
ヤコブソン器官で確認中の
顔なのにゃ
ヤコブソン器官
脳
鼻腔

Q6. ノラネコが集まる集会って何をしているのでしょうか？

A. 早朝や夕方、深夜など、公園などでネコが集合しているのが、いわゆる「ネコの集会」。これはなわばりを共有しているネコたちがムダなケンカを避けるために顔合わせをしているという説があります。たいての場合、集まってもネコ同志の接触はなく、みんな一定の距離をおいて勝手に毛づくろいや居眠りなどをしていることが多いようです。

対応策＊外でネコの集会を見かけたら、そっと見守るのが正解。近づいてネコの集会をジャマするようなおとなげない行動はやめましょう。

Q7. いつも私にすりすりしてきて、ときにはゴチン！と頭をぶつけてきますが？

A. 人の手や足に頭や体、シッポをすりすりしたり、ゴチン！とぶつけるのは、匂いつけの行動のひとつ。自分のなわばりの中にいる人に匂いをつけて安心しているのです。すりすりして「こいつは私のものにゃ！」と思っているときも。いずれにしても、信頼関係の結果の行動といえるでしょう。すりすりは、飼い主さんに甘えるときや、遊んで！という気持ちのときにもとる行動です。

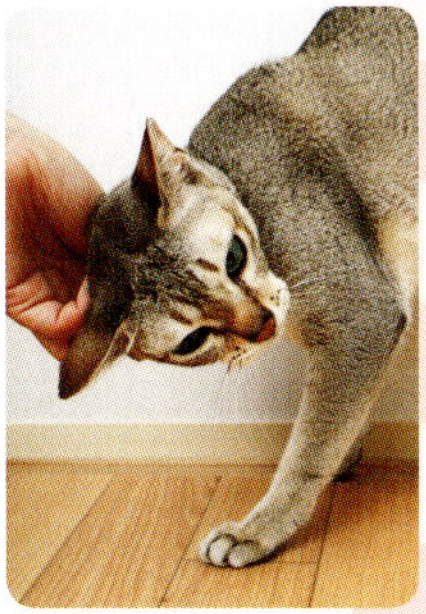

対応策＊ネコが寄ってきたら、すりすりさせて、「よしよし」と軽くなでてあげるとよいでしょう。遊びを期待して目を輝かせているときは、ぜひ遊んであげてください。

C O L U M N

We love Cats! ❷

ゴロゴロ、グルグル…。ネコがノドを鳴らすとき

ネコのノドのあたりから聞こえてくる「ゴロゴロゴロ」という音。ネコ飼いの人なら、聞いたことがあるはずです。ネコのノド鳴らしは、どんな意味があるのでしょうか。

「気持ちいい～」の合図

いちばん多いのが、「気持ちいい！」「満足～」といったプラスの気持ちのときで、なでられているとき、甘えたいときなどに聞かれます。ゴロゴロは、もともと授乳時に母ネコに対して「元気だよ～」というサインとして鳴らしていたとされています。前足を交互に出す「ふみふみ」とセットでゴロゴロいうことが多いのも、その名残です。

「やだよー」の合図

病院へ行ったときや具合が悪いときなど、ストレスを感じたときにゴロゴロいうネコが多いことも知られています。これはゴロゴロいうことで、自分で気持ちを落ち着けようとしているという説が有力。

飼い主さんとしては、気持ちがよくてゴロゴロいっているのか、不安になってゴロゴロいっているのか、しっかり見極めたいところです。ちなみに、ゴロゴロいうメカニズムははっきりしていませんが、声帯の周囲の筋肉を振動させることで、低周波の音が出るともいわれています。

Chapter 3

ゴハンと毎日の世話

***

ネコの食事

いつも元気でいてね！栄養バランスを考えたフードが健康のカギ

食事は健康管理の基本です。
ネコにとって大切な栄養が摂れるように
良質なキャットフードを食べさせましょう。

ネコが必要な栄養は？

肉食動物のネコにとって正しい栄養バランスを知る

ネコは肉食動物なので、なんでも食べる雑食性の人間とはちがいます。

本来ネコ科の動物は、獲物の肉から動物性タンパク質や脂肪、内臓からビタミン、ミネラル類、骨からカルシウムを摂っていました。

ネコは人の約２倍のタンパク質が必要で、高タンパク、低炭水化物の食事が基本。タンパク質に含まれる複数の必須アミノ酸も重要で、中でもタウリンは人の５～６倍の量を必要とし、不足すると視覚や心臓機能に影響が出ることがあります。ただし、ネコはタンパク質を過剰に摂ると脂肪として貯蔵されてしまうため、摂りすぎるのも問題です。

キャットフードがベスト

ネコの食事は、必要な栄養がバランスよく配合されたキャットフードが一番。市販のフードから、ネコの年齢に合わせたものを選びましょう。ちなみに、イヌとは必要な栄養がちがうので、ドッグフードでは代用できません。

＊ネコにとって重要な栄養素

タンパク質	体を作る栄養素で、とくに成長期には重要。機能維持に必要なタウリンなどのアミノ酸も含まれる。
脂質	体を動かすエネルギー源となる。脂溶性ビタミンの吸収を助け、免疫機能を高める働きをする。
ミネラル	カルシウムとリンは骨や歯を形成する。カルシウム1対リン0.8の割合で摂取するのが理想。
ビタミン	体の働きを調整する。網膜を正常に保つビタミンA、体調維持に必要なビタミンB_1はとくに大切。

＊ネコの年齢別・必要な摂取カロリーの目安

＊生後２カ月半までの子ネコ	体重１kgあたり250kcal
＊生後２カ月半～５カ月までの子ネコ	体重１kgあたり130kcal
＊生後６～８カ月までの子ネコ	体重１kgあたり100kcal
＊成ネコ（活動的なネコ）	体重１kgあたり80kcal
＊成ネコ（活動的でないネコ）	体重１kgあたり70kcal
＊妊娠中・出産後の母ネコ	体重１kgあたり100kcal
＊シニアネコ（10歳以上）	体重１kgあたり60kcal

フードの種類と選び方

「総合栄養食」と記載してあるネコ用フードを選ぼう

キャットフードを選ぶときは、ネコに必要な栄養バランスを満たしている「総合栄養食」を主食にしましょう。缶詰とドライフードがあるので、ネコの好みや与えやすさなどで選びます。

「総合栄養食」ではないフードは、「一般食」などと呼ばれます。一般食だけでは栄養バランスが悪いので、あくまで副食と考えましょう。

ドライフード

水分量が10%以下のカリカリタイプ。保存性は高いが、開封後は約1カ月で食べ切る。水と一緒に与える。

ウェットフード

水分量約75%の缶詰タイプ。匂いがよいので食欲がないときにもおすすめ。食事からも水分を摂取できる。

キャットフードの選び方

- □ 賞味期限内のものか？
- □ 総合栄養食と書いてあるか？
- □ 対応年齢が合っているか？
- □ 約1カ月で食べ切れるサイズか？

ネコの年齢と食事

ネコの成長に合わせてぴったりの食事をあげよう

キャットフードは、ネコの年齢に合ったものを選びます。成長段階によって必要な栄養やカロリー量がちがうので、年齢によってフードをチェンジ。赤ちゃんネコは母ネコの母乳かネコ用ミルクで育てますが、離乳食、子ネコ用、成ネコ用、シニアネコ用と替えていきましょう。適正なフードと量を守ることで、肥満や病気を防ぐことが大切です。

年齢別の食事

生後4週まで

母ネコの母乳またはネコ用ミルクのみ。生後6週頃までミルクだけのコもいる。

生後5週～2カ月

ミルクと離乳食を併用し、徐々に離乳食だけにしていく。離乳食は専用の缶詰か、子ネコ用フードをふやかして与えてもよい。

2～8カ月

成長期は高カロリーの子ネコ用フードを与え、丈夫な体をつくる。

8カ月～7歳

約1歳で成ネコ用フードに切り替える。体重とフードのパッケージの表示を目安に量を決め、肥満に注意。

7～8歳以上

低カロリーのシニア用フードに切り替える。老化防止のビタミンなども強化されている。

食事と飲み水の与え方

１日何回あげたらいい？ 回数とあげ方を考える

ネコの食事の回数は、年齢によって変化します。子ネコのうちは１日３～４回が目安ですが、おとなネコになったら、１～２回が基本。

ネコは本来、少量のエサを少しずつ食べる「だらだら食い」の動物。なので、１日量を１回に出しておくと、食べたいときに少しずつ食べるネコもいます。しかし、なかには一度に食べてしまう場合もあるので、１日２回がよいでしょう。

食事の時間はだいたい決めておくとネコも安心します。２回なら朝と夜、３回なら朝、夕方、夜に分けるとよいでしょう。

＊年齢別・エサの回数の目安

生後3カ月まで	3～4回
生後4カ月～1歳	2～3回
1～7歳	1～2回
7歳以上	2～3回

エサの与えすぎに注意

キャットフードのカロリーは商品によってちがうので、パッケージの表示を見て、ネコの体重から１日の総量を決めましょう（P64表）。

おとなネコは、１歳を過ぎて体格ができた頃の体重を維持するのが理想です。

フードは目分量でなく、量を量って食べさせる。

飲み水のあげ方

ネコは乾燥地帯に生息していたため、水をあまり飲まない動物です。しかし、ネコは加齢にともない、腎臓や尿路系の疾患が多くなるので、予防や治療のためにも水をたくさん飲むことが大切です。とくにドライフードを主食にしている場合は、いつでも新鮮な水を飲めるようにしておきましょう。

ネコにたくさん水を飲んでもらうためには、食事の食器のそばだけでなく、室内の何か所かに飲み水を出しておくのがおすすめです。洗面所やお風呂の水など、変わった場所の水を飲みたがるネコもいますが、衛生的に問題のない水なら、どこでも好きなように飲ませてあげてOKです。

いつでも水が飲める環境を用意。

＊使いやすい食器は？

食器はすぐにひっくり返らないよう、ある程度の重みがあるものを。舌でフードをすくうようにして食べるので、浅くてヒゲがあたらないくらい底が広く、少しフチがあるものがベストです。

重みがあって食べやすい形がよい。

好き嫌いはある？

好き嫌いさせずに、よいフードを食べさせるためには？

食べ物の好き嫌いは、生後半年くらいで決まるといわれています。キャットフードだけで育てると、人の食べ物に興味を示さないネコになることも多いようです。逆に、子ネコのうちから魚や肉などを食べさせていると、そうした食べものの味を覚えてグルメネコになる可能性が大。

あくまでも、主食は総合栄養食のキャットフードにして、ごちそうは控えめにしましょう。

好物を見つけておこう

ネコは主に嗅覚で食べものを選び、好き嫌いがはっきりしています。気に入らないと食べないという頑固なネコも多いようです。

カツオブシやチーズなど、フードにトッピングできるような好物を見つけておくと、食欲がないときや病気で療法食を食べさせたいときなどに利用できるので便利です。

＊フードの賞味期限と保存

キャットフードは賞味期限を確認して、購入の際は新しいものを選びます。ドライフードは保存性が高いですが、開封後は密閉して冷暗所に保存。約１カ月を目安に食べ切ること。開封していない場合でも、長期保存は酸化や劣化の恐れがあるので、大量に買いだめしないほうがよいでしょう。缶詰やレトルトフードは開封後は保存性が低いので、その日のうちに食べ切るようにします。

1カ月以内
ドライフード
キャット用レトルト
開けたらその日中

こんなゴハンが好き
さららはグルメ
刺身に目がないけど
スーパーの特売品には
見向きもしない
安
ムシ！
フギーーッ
いい魚なら
全力で欲しがる
カキ
カキ
何重のラップでもわかるにゃ
特売品は
人間だけで食べる…
うまいな
おばあちゃんネコのイクラとウニは
固いゴハンよりスープ状が好き
でも スープだけなめて
具は残す
ぺちゃ
ぺちゃ
ぺロ
ぺロ
ぱく
ぱく
なんでも食べたい
残った具は全部コハダが片づけ役
エコで助かるけどコハダの体重は増え続けている…
フクは冬場ゴハンをあたためてもらったら
冷たいのを食べなくなった…
あったかい？
お皿まであたためて
もらうクセがついたという
じゃ食べる
温度がちょうどいい
缶やレトルト
冬場はこたつの
中にキャットフードが
たくさん入っている♪

食べてはいけない食品や植物

食べると危険！ネコにあげてはいけないもの

人間が食べる塩分や油分が多い食品のほか、ネコが食べると中毒を起こすものもあります。危険な食材や植物を知っておきましょう

ネコに悪い食べ物は？

たとえネコが欲しがっても人のゴハンはおすそ分けしない

自分たちの食事中にネコにねだられると、ついおすそ分けしてしまうという人もいるかもしれません。しかし、人の食べ物は塩分や油分、糖分などが多すぎるものが多く、ネコには害になります。たとえば、魚の練り物やハム、ソーセージなどの加工品は、ネコが食べると好物になりがちですが、塩分が多すぎます。塩分過多の食べ物は、心臓や腎臓に負担がかかり病気の原因になりかねません。また、人の食べものはカロリーも高すぎるので、食べさせないようにしましょう。

ネコには飼い主さんの食べものはあげないこと。

中毒や病気の原因になる食物

ネギ類やカフェインなど、ネコが食べると危険なものがあります。ほかにも香辛料やアルコールなどの刺激物、塩分・糖分の強いものは厳禁です。右ページのリストを参考に、ネコが食べないように注意。ネコがキッチンで拾い食いをしたり、ゴミ箱から食べたりしないように工夫してください。

また、アジ、サバ、イワシ、サンマ、カツオ、マグロなどの青魚には、多価不飽和脂肪酸が多く含まれています。不飽和脂肪酸は体によい栄養素ですが、毎日、青魚ばかりの偏った食事を与えていると、ビタミンE欠乏症から病気になることがあります。缶詰の青魚には、ビタミンEが添加されているのでその心配はありませんが、念のため、原材料や成分を確認しておきましょう。

ネコが危険なモノを口にしないように注意してニャ！

ネコが食べると危険な食材

ネギ類（タマネギ・長ネギ）ニンニク、ニラ

ネコの赤血球を壊す成分があり、貧血や血尿を引き起こす。下痢、嘔吐、血尿のほか、死に至ることもある。

チョコレート ココア

カカオに含まれるテオブロミンが、中枢神経、心臓、腎臓に影響を与えて中毒を起こす。嘔吐、けいれん、下痢、死に至ることもある。

コーヒー、紅茶 緑茶

飲み物に含まれるカフェインにより中毒症状になり、嘔吐、下痢、けいれんなどを起こす。茶葉を食べるのも危険。

エビ、カニ、イカ、タコ 生魚など

消化が悪く、生だとビタミンB_1分解酵素のチアミターゼを含むため、ビタミンB_1欠乏症を起こす恐れがある。加熱して少量ならOK。

アワビ、サザエほか 貝類

貝が食べた海藻の葉緑素が血液に入り、耳などの薄い皮膚で日光にあたると腫れたり、皮膚炎を起こすことがある。

生肉

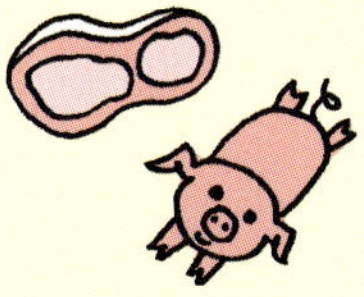

消化不良やカルシウムの働きを妨げて骨を弱くする恐れがある。生の豚肉にはトキソプラズマという寄生虫の心配もあるので、必ず加熱すること。

鶏肉や 魚の骨

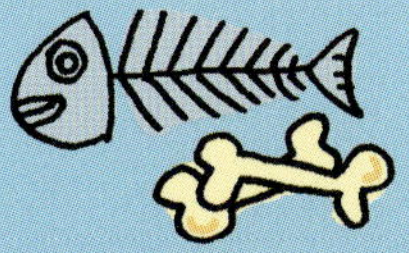

骨つきの鶏肉や魚は、骨が刺さったり、ノドや胃腸などを傷つけることがある。鶏肉の骨は大きくても、裂けやすいので要注意。

牛乳

下痢をすることがある。あげるならネコ用ミルクを。

＊ネコが食べると危険な植物

植物にはネコが食べると害のあるものがある。嘔吐や下痢、不整脈などの原因になるので、ネコがまちがって食べないように届く場所には置かないこと。

- アジサイ
- アロエ
- カラジウム
- キキョウ
- クリスマスローズ
- ゴムノキ
- シクラメン
- ジャスミン
- スイセン
- スズラン
- スミレ
- パンジー
- チューリップ
- ヒヤシンス
- ポインセチア
- ユリ

※ここでは代表的な植物を紹介していますが、ほかにも毒性のある植物はあります。

手作りゴハンで にゃんこゴコロを がっちりキャッチ！

毎日の食事は栄養バランスがとれた
総合栄養食が基本ですが、
たまには手作りネコゴハンもおすすめ！

手作りゴハンのオキテ
**ネコ向きの食材を加熱して調理！
味つけは必要ありません**

「ウチのコに手作りゴハンを作ってあげたい！」というときは、食材選びが重要です。

ネコに食べさせてはいけない食材を避け、肉や魚、野菜などは加熱して使うようにします。赤身の魚や青魚は食べすぎはよくないですが、たまに食べさせる程度なら大丈夫。普段とはちがう、ちょっとしたごちそうと考えて作りましょう。

ネコのゴハンは、いっさい味つけは必要ありません。塩分、糖分が高い加工品は使わないようにします。塩分のあるサケや小魚などは、湯通しで塩抜きしてから利用すればＯＫです。

＊トッピングでおいしくアレンジ

いつものゴハンにトッピングをするだけでも、ごちそう気分が高まります。

鶏ササミをほぐしたもの

おかか

無塩チーズ

白身魚の刺身

＊ネコって「猫舌」なの？

熱いものが食べられないことを「猫舌」といいますが、ネコに限らず動物はみんな、熱々のものなど食べません。自然界のエサの温度は、高いものでも小動物の体温。それらは約33〜40度程度ですから、熱いものを食べる機会も必要もないのです。ネコでなくても動物は熱々は苦手なはずですが、ネコはザラザラした舌の構造からして、とくに猫舌度合いが高いのかもしれません。手作りごはんは、40度の猫肌以下の温度に冷ましてからあげましょう。

ネコゴハンに利用できる食材

肉・卵

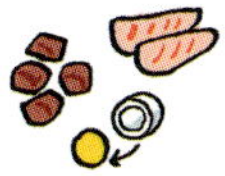

牛肉、牛レバー、豚肉、豚レバー、鶏胸肉、鶏ささみ肉、鶏レバー、羊肉、卵（卵黄）

乳製品

ヨーグルト
チーズ

チーズ（カッテージ、プロセス、パルメザン）、プレーンヨーグルト、ネコ用ミルク

魚

タラ、カレイ、ヒラメ、マグロ、アジ、煮干し（無塩）、カツオブシ

野菜

ニンジン、カボチャ、サツマイモ、ダイコン、カブ、コマツナ、ブロッコリー、キャベツ、キュウリ

穀類ほか

ゴハン（白米）、うどん、スパゲティ、マメ類、植物油、魚油

＊おすすめレシピ①

サケとしらすの雑炊

② 生サケ 1/2切れ
焼くかレンジで加熱する。
ほぐす
③ しらす 大さじ1
熱湯に浸して塩抜きする。
①
ゴハン 大さじ2
④ ①,②,③とひたひたの水を加えて 3分加熱。
小さじ1
カツオブシをトッピング
うまそうにゃ
よく冷ましてからトッピングしてにゃ。

＊おすすめレシピ②

鶏レバーとささみゴハン

①
ゆで卵
卵黄1個分をざく切り。
②
鶏レバー
20g
ささみ
1本
ゆでて一口大に切る。
③
ゴハン 大さじ2と鶏レバー、ささみを混ぜる。
いただきますにゃ
最後に①の卵黄をトッピング。

どんなものが お気に入り？ ネコ用おやつ

主食とは別におやつをあげる場合は、カロリーオーバーに注意し、少量が原則。ネコ用のものをあげるようにします。

おやつは必要？

しつけやコミュニケーションに おやつをあげるのもＯＫ

ネコはキャットフードで十分な栄養、カロリーを摂れるため、基本的におやつをあげる必要はありません。おやつはあくまでも一緒に遊んだり、コミュニケーションをとるための補助的なもの。あげすぎに注意し、少量にとどめましょう。

ネコ用に市販されているおやつは、ネコが好きなささみやレバー、魚、チーズなどを使ったものが多いようです。

そのほか、無塩の煮干しやカツオブシ、味つきでない海苔などもおやつに向いています。

いろいろなおやつ

小魚

煮干しなど丸ごと食べられる小魚は、おやつにも最適。無塩タイプを選びます。

魚のおやつ②

魚などを食べやすい形に加工したもの。人のおつまみは塩分が強いのでＮＧ。ネコ用を選ぼう。

ジャーキー

鶏肉やレバー、魚などを加工したもの。

ささみ肉

鶏のささみ肉を加工したもの。家でささみをゆで、細かくさいておやつにしてもＯＫ。

魚のおやつ①

カツオなどをネコ用のおやつに加工したもの。

かつおぶし

ペット用のかつおぶしがおすすめ。

一般食のフード

総合栄養食ではない一般食の缶詰やレトルトはおやつに利用してもＯＫ。

ネコとマタタビ

マタタビが大好きなネコとそうでないネコに分かれる

マタタビは、マタタビ科の植物で、薬用酒などにも使われます。このマタタビ、ネコに匂いをかがせると、なめたり、かんだりと大喜び。マタタビに含まれる物質が、ネコの神経を刺激。ゴロゴロと転がったり、よだれをたらしたりと、まるで酔っているような状態に。ネコ用に市販されているマタタビを上手に利用すれば、爪とぎ器に誘導したり、ネコのご機嫌をとることができるでしょう。

ただし、すべてのネコがマタタビに反応するわけではありません。子ネコや早い時期に避妊、去勢したネコなども、反応しないこともあります。

＊いろいろなマタタビ

粉　木の棒　マタタビの実

マタタビはおやつではないが、ネコの嗜好品的存在。

＊ネコ用の食器はどこに置く？

本来ネコは警戒心が強い動物なので、フードやおやつをあげるときの食器は、部屋の隅や物陰がベスト。誰にもジャマされないで、落ち着いて食べられる場所に置きましょう。毎日、同じ場所であげるようにします。

このおやつが好き
かつおぶしでもあげよう
鉄板おやつ
ネコ用
ウニはすごく鼻がいい
くん
くん
音がまったくしなくてもどんなに遠くにいてもすっとんでくる
こオったにゃ
これが世界一好き！
かつおぶしが好きで好きでたまらない
爪とぎにマタタビの粉がついてきた
ぐり
ぐり
ふりかけてやるとおとなネコは顔をしつこくこすりつけている
と ろ～ん
子どもは反応なし
あやしくうにょうにょし続けるコも。お酒に酔ってチョー楽しいへ…みたいな特別なものらしい

ダイエット作戦

あれ!?　太めかな？
健康のためには
肥満は大敵！

ネコの肥満はさまざまな病気の原因に！
フードやおやつのあげすぎは要注意です。
肥満ネコは今日からダイエットしましょう。

ネコの肥満はどこでわかる？

ネコの肥満は病気のもと！
太りすぎには気をつけよう

たぷたぷした太めのネコは、見た目には愛らしいものですが、肥満はやはり、健康を害するリスクがあります。ネコにも多く見られる糖尿病にかかる率が高まるほか、内臓脂肪や血液中の脂質が増えると心臓病、肝臓疾患、免疫力の低下など、さまざまな病気にかかりやすくなるのです。

おとなネコになって体ができたあとも体重が増え続けているときは、食べすぎです。

シニアネコの場合は、肥満が足腰の関節の負担になります。太らせないように注意しましょう。

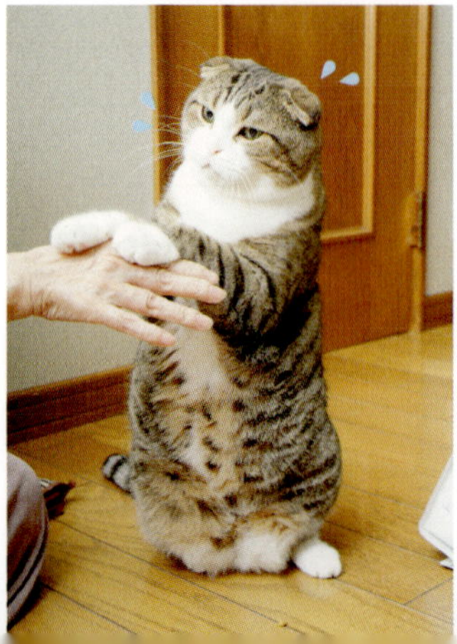

肥満が気になるときはダイエットにトライ！

肥満の原因

肥満の理由でもっとも多いのは、摂取カロリーのオーバーです。フードの量が多すぎたり、おやつをあげすぎていないか見直しましょう。

室内飼いだと運動不足になりやすく、避妊・去勢手術をしていると、さらに太りやすくなります。適正体重を保ち、健康を維持することが大切です。

＊肥満度チェック

標準体型

わきの下に手を入れると肋骨がすぐにわかる。

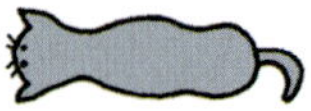

首から腰までが同じ幅で寸胴になっている。

太りすぎ

わきの下に手を入れても肋骨が感じられない。

腰よりお腹が出ている。顔と体の間にくびれがない。

ネコのダイエット

食事制限と運動で ゆっくり減量させよう！

太りすぎのネコは、病気予防のためにも1日も早いダイエットが必要です。まず、ネコの体重を量り、ダイエット計画を立てます。急激な減量は危険なので数か月かけてゆっくり減量すること。減量目標は、獣医さんと相談して決めるとよいでしょう。

フードやおやつをあげすぎていた場合は、量を見直し、毎食ごとにきちんと量って食べさせます。摂取カロリーはネコの体重1kgあたり80kcalが目安ですが、あまり運動しないネコは1kgあたり70kcalでOKです（P64表）。

ダイエット成功のポイント

＊

1 目標は1週間で体重1～2％減
急な減量はダメ。
数か月かけてダイエットする。

2 少量ずつ、あげる回数は増やす
1日の量を4回以上に分けると
ネコも満足。

3 低カロリーフードに切り替える
ネコは量があれば満足するので
低カロリーでもOK。

4 おやつはあげない
主食のフードだけで
エネルギー量を管理する。

5 ネコに運動させる
タワーや家具の配置を
工夫して上下運動させる。

6 飼い主がこまめに遊んであげる
毎日、おもちゃで遊んで
運動させる。

ダイエットのための遊ばせ方

ネコに運動をさせるといっても、イヌのように散歩に連れて行くのはムリ。おすすめは、キャットタワーなどを設置して上下運動をさせること。ネコは上下運動が好きなので、自然と消費カロリーを増やす作戦です。さらに、飼い主さんが遊んであげることが大切。ネコの集中力が続くのは5～10分なので、10分以内の遊びを1日3回以上させましょう。

上下運動

キャットタワーの上など高いところにフードを置いて運動を促す作戦も効果的。

おもちゃで運動

ネコが好きなタイプのおもちゃを使い、ジャンプなどの運動をさせよう。

ネコ草と毛玉対策

草を食べて吐くのはおなかにたまった毛玉が原因です！

ネコが葉っぱを食べて吐くのは、毛づくろいで飲み込んだ毛玉を吐き出すため。ネコ草や専用フードなどを利用して上手に健康管理を！

ネコ草を食べる理由

つんつんした葉っぱで胃を刺激している

ネコは肉食動物ですが、ときどき葉っぱを食べます。園芸店で「ネコ草」などの名前で売られているのが、その葉っぱです。ネコは先がとがったつんつんした形の葉を食べることで、胃を刺激。胸やけを解消したり、おなかにたまった毛玉を吐き出すのが草を食べる主な理由といわれています。

また、植物のミネラルやビタミンを補給するため、という説もありますが、よくわかっていません。

葉っぱを食べるネコとそうでないネコがいるようですが、室内にネコ草を置いてみて、ときどき食べているようなら、常備しましょう。園芸店で入手するほか、ネコ草のタネはペットショップで市販されているので、栽培するのがおすすめです。

ツン
ツン
出してスッキリ
毛玉をおなかにためずにすむにゃ！

毛玉対策をしよう

いつも毛づくろいをしているネコたちは、どうしても抜け毛を飲み込んでしまうので、おなかに毛がたまります。

多くはウンチと一緒に排泄されますが、胃にたまることも多く、ある程度の量がたまると吐いて外に出すことが多いようです。

毛玉がおなかにたまると毛球症といって毛玉が腸をふさいでしまう病気の原因にもなるので、普段から毛玉対策をして健康管理しましょう。

あ、草！

毛玉対策をしよう

＊

対策 1

まめなブラッシングで抜け毛を飲み込まないようにする。

飲む前にキャッチ！

対策 2

毛玉対策用フードやサプリメントがあるので動物病院で相談を。

Cat Food
ヘアボールコントロール
毛玉ケアフード

対策 3

ネコ草を部屋に置いてネコが自由に食べられるようにする。

いつでも
食べる
好きなときに

ネコ草を育てよう

＊

① 植木鉢にタネをまいて水やりする。
② 数日で発芽する。
③ のびてきたらネコが食べやすい場所に置く。

毛玉対策
トイレじゃないのに この物体はっ!? みたいな形のものが 床にありどっきり…!!。
なにっ！ うんO!?
よーく見ると毛玉…
ゲッ
ゲッ
春は抜け毛が多いので多毛のコだと食道の形のまま吐いたりする
そこでネコ草を育てる
でも食べるコと食べないコがいる
食べる
興味ナシ
いらない
…
ブラッシングをこまめにすると飲み込む毛が少なくなる
プラス毛玉ケアのフードに変えたら…
吐く回数が減ったにゃ
FOOD
毛玉ケア
ヘアボールコントロール

ネコのトイレは毎日のそうじでいつもキレイに！

トイレの形やトイレ砂は種類もいろいろ。
ネコの性格や使いやすさ、価格など総合的にチェック！　こまめなそうじで清潔に。

ネコ好みのトイレを用意

ネコを迎えたその日からトイレのしつけを！

ネコは、イヌと比べるとトイレを覚えやすい動物です。ほとんどの場合は、トイレに砂を入れて部屋に置いておくだけで、すぐに使うようになることが多いでしょう。

ただし、なかにはトイレにこだわりが強いネコもいます。トイレの形や砂の種類、トイレの置き場所は、しっかり吟味。ネコが使いやすいものを選びましょう。

トイレの形と砂の種類はネコの好みに合わせて選ぼう。

トイレトレーを選ぶ

トイレトレーは、大きく３種類あります。箱タイプはもっとも一般的な形で、どのネコも使いやすいでしょう。屋根がついたタイプは、落ち着いた環境を好むタイプのコにおすすめで、砂の飛び散りが少ないのもメリットです。下がすのこになっている二段式は、下にオシッコが落ちるタイプ。そうじのしやすさも考慮して、トイレを選びましょう。

トレイトレーの種類

＊箱タイプ
＊屋根つきタイプ
＊すのこタイプ

トイレ砂を選ぶ

トイレにはネコ用のトイレ砂を入れて使います。トイレ砂はいろいろなタイプがあるので、ネコの好みやそうじのしやすさ、使いやすさなど考えて選びましょう。

トイレ砂は材質のほか、固まる、固まらないタイプがあります。消臭効果もさまざまなので、実際に使ってみて選ぶのがおすすめです。トイレ砂は、一度決めたら、あまり変えないこと。途中で種類を変えたいときは、少しずつ元の砂に混ぜて、ネコの様子を見ながら変えていきます。

トイレ砂はネコの好み、そうじのしやすさ、値段などから総合的に判断を。

トイレ砂の種類

＊木材系

針葉樹などが原料で、消臭効果が高く、固まるタイプと固まらないタイプがある。燃えるゴミで処理するものが多い。粒が崩れてくると飛び散りやすくなる。

＊紙系

消臭効果が高く、固まるものが多い。軽くて運びやすい反面、やや飛び散りやすい。トイレに流せるものや可燃ゴミとして処理できるものが多く、やや安価。

＊おから系

おからが主原料で、消臭効果が高く、固まるタイプが多い。可燃ゴミとして処理でき、トイレに流せるタイプもある。ネコが食べてしまうときは使用しないこと。

＊シリカゲル系

オシッコを吸水し、ウンチを脱水させて乾燥させる。固まらず、不燃物で処理するタイプが多い。飛び散りやすく、交換せずにいると消臭効果が落ちてくる。

＊鉱物系

ベントナイトやゼオライトなどが原料で、消臭力が強く、固まるタイプと固まらないタイプがある。不燃物として処理するタイプが多く、持ち運びの際は重い。

トイレの大きさと数は？

- □ 体全体がラクに入り、中で向きを変えられる
- □ ネコが出入りしやすい高さのものを
- □ トイレは1匹につき1個が基本

トイレのしつけ

子ネコのときから根気よくしつけよう！

トイレのしつけは、ネコが家にやってきた日からはじめます。ネコがそわそわ、うろうろしはじめたら、トイレのサイン。トイレに連れて行き、中に入れて様子を見ましょう。上手にできたらほめてあげます。そそうをしても、絶対にしからないこと。

トイレの置き場所は？

トイレはどこに置くかも重要です。ネコが落ち着いて排泄できる環境を整えることが、トイレ成功のポイントです。人がしょっちゅう通る場所はダメ。

また、トイレの場所は、一度決めたらあまり変えないようにしましょう。

トイレの場所

- □ 静かで落ち着ける場所
- □ フードを食べる場所から離れている
- □ 寝場所からあまり遠すぎない

トイレのしつけ

①ネコがそわそわしていたら、トイレに入れる。

②ネコの気が散らないようにそっと見守ろう。

③上手に排泄できたらほめる。

④排泄物は見つけたときにすぐ片付ける。

そそうやそうじはどうする？

ネコがそそうをするときはいくつか原因がある！

ネコがそそうをしても、絶対にしからないこと。そそうをしたら、だまってそうじをして、匂いが残らないようにしておきます。

また、ネコがそそうをするときは、ネコからのシグナルかもしれません。

そそうの主な原因

＊

1 トイレが汚れている
→いつも清潔に！

いやだにゃ〜

2 トイレの形や砂が気に入らない
→ちがうタイプを試してみる

好きじゃないにゃ〜

3 なんらかの病気のサイン
→動物病院で相談を

＊スプレーって？

ネコは、おとなになると立ったままオシッコを後ろにピュッと飛ばす「スプレー」という行動をとるようになります。これは、去勢手術をしていないオスネコに多く見られる行動で、しつけでやめさせることはできません。スプレー行動を予防するには、去勢手術が有効です（P122）。

トイレのそうじ

ネコはキレイ好きです。トイレが汚れているとそそうしたり、トイレをガマンすることもあるので、いつも清潔にしておくこと。

ネコが１匹なら、トイレは１日１～２回そうじすればＯＫ。ウンチや固まったトイレ砂は取り除き、砂が減ったら足しておきます。月１～２回は、トイレトレーを丸ごと洗いましょう。

トイレで健康チェック

オシッコやウンチの回数や量、色、固さなどは健康のバロメーターです。毎日チェックしましょう。また、トイレにしょっちゅう行く、ずっと排泄ポーズをしているのに排泄しない、排泄中に鳴くなどは病気のサインです。早めに動物病院に相談を。

＊匂い対策

一番重要なのは、こまめなそうじ。排泄後すぐに片付けていれば、匂いはほとんど気になりません。それでも匂いが気になるときは、空気がこもらないよう風通しがよい場所にトイレを置くこと。換気扇や窓を開けて空気を入れ替えることも大切です。

トイレはきれいにしておいてほしいにゃ！

爪とぎのしつけ

今日も元気に
バリバリバリ！
爪とぎの選び方

爪とぎにはいろいろな意味があります。部屋を傷つけない工夫をしながら、ネコが気持ちよく爪をとげる環境を準備してあげましょう。

爪とぎの目的は？

爪の手入れだけじゃない！ 匂いつけやストレス解消も

ネコが爪をといでいる様子は、なんとも得意げでうれしそうなものです。ネコは日々、爪とぎにいそしんでいますが、なぜ、爪をとぐのでしょうか。

もともとハンターであるネコは、常に爪を鋭くとがらせておく必要があります。そのため、爪とぎで古くなった爪をはがし、鋭く新しい爪にしておくのです。また、爪とぎには、マーキングの意味もあります。爪のまわりには匂いを出すところがあるので、爪をとぐと同時に、匂いつけをしているというわけ。

さらに、爪とぎはストレス解消にもなっているので、ネコが思いきり爪をとげる環境を用意することは、健康のためにも重要といえるでしょう。

爪とぎはネコの大切な日課。

なぜ爪をとぐの？

＊

理由1 狩りの成功率をあげる

いつも爪を鋭くしておき、獲物をとらえる。

理由2 なわばりを主張

爪とぎで印をつけると同時に、匂いつけも行う。

理由3 ストレス解消

思い切りバリバリすると、気持ちがすっきり！

▲爪とぎ器の周囲には古い爪が落ちている。

部屋を爪とぎから守る

お気に入りの爪とぎを用意し、定期的に爪切りをすること

爪とぎにはたくさんの意味があり、本能がなせる行動なので、しつけでやめさせることはできません。しかし、爪とぎ器を用意せず、ネコに好きなだけ爪をとがせていると、家のあちこちがボロボロ…なんてことに。

部屋の被害を予防するには、爪とぎ器を設置して、そこで思う存分、爪とぎをしてもらいましょう。また、定期的に爪切りをする（P145）ことで、家具の被害を最小限に食い止めることができます。

＊設置の方法

床でとぐか、立ってとぐか、どっちが好きかによって設置方法をかえよう。

バリバリ
壁派
バリバリ
床派

＊爪とぎをされたくない場所は？

どうしても爪とぎで傷をつけられたくない場所は、あらかじめガードしておくのがベスト。

…
なんか貼ってあるにゃ

爪とぎの種類

＊段ボールタイプ
＊カーペットタイプ
＊木材タイプ
＊布タイプ
＊ヒモタイプ

ネコによって好みがあるので、お気に入りを見つけよう。

爪とぎ器を使ってもらう方法

＊ネコが爪とぎしたい場所に爪とぎを置く

ココにも
ココにもあるにゃ

＊あちこちに爪とぎをおくのがおすすめ

フラ～
クンクンクン…
なんか誘われるにゃ…
またたび

＊またたびなどの匂いで誘導してもOK。

ココなら安心にゃ！落ち着いて眠れる居場所を用意しよう

ネコは箱型ベッドや狭い場所が大好き。
どんな場所が好きなのか様子を見ながら、
安心してくつろげる居場所を作りましょう。

どんなベッドが好き？

狭いところが好き！お気に入りのベッドを探そう

ネコはもともと、木の洞や岩の隙間、木陰、木の上などで休んでいました。狭い場所や高くて見晴らしがよい場所が好きなのは、そこが安全だから。ネコ専用のベッドは絶対に必要というわけではありませんが、お気に入りのベッドがあれば、より安心して過ごせるはず。ネコの好みに合わせて選びます。

＊ネコ用ベッドいろいろ

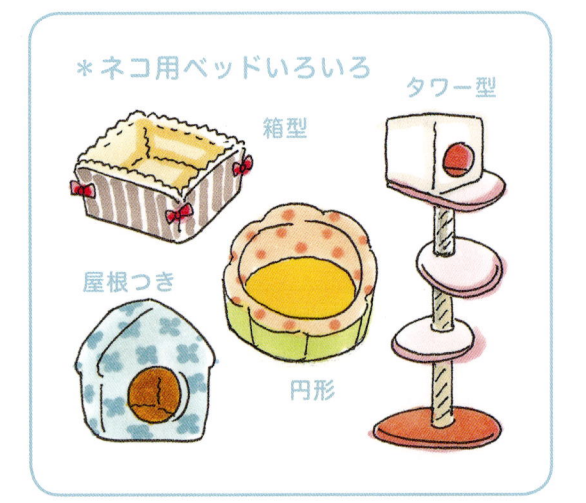

どんな場所が好き？

ネコは居心地がよい場所を見つけるのが大の得意。冬は暖かい場所、夏は涼しい場所をすばやく見つけ、そこでゴロゴロしています。ネコが快適だと感じるのは、だいたい22度くらいだといわれています。

ネコ用ベッドは置き場所も大切。部屋のいろいろな場所に置いてみて、ネコが落ち着いて入る場所を選ぶとよいでしょう。ポイントは、人があまり通らずに落ち着けて、快適な温度のところ。１か所だけでなく数か所、置くのもよいでしょう。

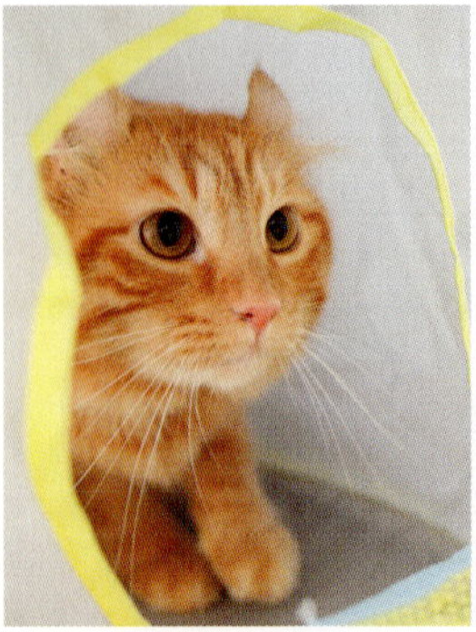

箱や狭いところが大好き！

ここで寝たいにゃ
アハハ
いつも人間と一緒
部屋のどまんなか
洗う前の→衣類の中
洗面所の洗濯カゴ
ホカ〜…
人のヒザの上や洗ったふかふかタオルの上
あったかい〜
気持ちいい〜
地震きてそれからココ
押し入れの中
金しばり…??UUU
寝ている人の体の上
体のくぼみ
人が寝返りも打てないことなど知ったことではない
タンスの上や箱の中
安心
落ち着く〜

囲まれてると安心♪

落ち着くにゃ〜

困った行動の対処法

いけない行動を怒っても効果なし！やめさせるコツは？

ネコがいうことをきかないなど、
困った行動に悩む飼い主さんも多いはず。
ネコがやめるように仕向けるコツを伝授！

体罰は絶対にダメ！

ネコに怒っても通じません できない環境作りが効果的

ネコはもともと単独で行動する動物です。たとえばイヌは、グループで行動し、上下関係がはっきりしている動物。だから、上位のものに下位のものが従う習性があるため、しつけが可能なのです。

でも、ネコはちがいます。ネコは気ままに生きている動物なので、基本的にしつけは難しいと考えましょう。

また、「ダメ！」などと怒っても、あまり効果はありません。体罰も絶対にダメ。怒られても、ネコは何がいけないのか判断できず、飼い主さんとの信頼関係にキズがつくだけの可能性が大です。

ネコにやめてほしい行動があるときは、それができない環境にするか、ネコがしたくなくなるようにするのがベスト。そして、いいコにしているときは、ほめてあげることも大切です。

ネコをしつけるのは
至難のワザです。

これは逆効果！

＊大声でしかる

びっくりするだけで、やめません。

＊たたく

飼い主さんを怖がるようになるだけ。

＊ケージなどに入れる

悪いイメージがつき、ケージやキャリーケースが嫌いになるだけ。

こんなとき、どうする?

ネコの行動を改善したいときは、こんな方法で
対応しましょう。

できない環境にする

ネコがいたずらをできないようにするのがベスト

キッチンに入れないようにする。

爪とぎができないようにカバーする。

ゴミ箱にはフタをつけていたずら防止。

天罰方式

それをすると嫌なことを起こるようにしてやめさせる方法

ガムテープを貼っておく。

大きな音を立ててモノが落ちるようにする。

水やお酢スプレーをかける。

ネコの要求にはこたえない

鳴いたり、じっと見つめるネコの要求は無視しましょう

朝、起こしにきても起きない。

エサは要求されてもあげない。

成功のポイント

家族みんなで態度を統一する

人によって態度がちがうとネコが混乱します。

上手に気をそらす

いけないことをしそうになったらおもちゃで遊ぶなど、ネコの気をそらしましょう。

ネコがいたずらできない環境を用意しよう。

季節に合わせた世話

いつも快適！季節ごとの世話と環境の整え方

１年を通じてネコが気持ちよく暮らせるよう、工夫してあげましょう。とくに夏は熱中症になるネコが多いので、暑さ対策は重要です！

四季の世話

ネコがいつも気持ちいい！季節に合わせた世話のコツ

夏は涼しく、冬は暖かい環境を整えることは、ネコの健康管理の上でとても大切です。気温や湿度に合わせて、ネコが気持ちよく過ごせる環境を用意しましょう。

とくに、真夏の締め切った室内は高温になるため危険です。熱中症になるネコも多く、命に関わることもあります。ネコに留守番させているときは、上手にエアコンなどを利用すること。

夏はひんやりするマットを敷いてもＯＫ！

四季の世話のポイント

梅雨〜夏

- □ 高温多湿な環境はダニやノミが繁殖しやすいので、こまめにそうじして清潔に保つ
- □ 真夏はエアコンや扇風機を利用して適温を保つ
- □ 涼しい場所を作ってあげる
- □ 毎日のブラッシングで抜け毛を取り除く

冬

- □ ネコ用ベッドに毛布などを敷いて暖かくする
- □ エアコンやペット用ホットマットなど、保温グッズを上手に活用する
- □ 暑いときは涼しい場所に移動できるようにする

春・秋

- □ 春は夏毛に、秋は冬毛への換毛期。抜け毛が多い季節なので、毎日ブラッシングする
- □ 春や秋は食欲がアップしがち。食べ過ぎに注意して適正体重を維持

暑い？　寒い？

見た目でわかる！ 夏冬ネコしぐさ

夏モード

おなかを出したり
のびて長ーくなったり…
ネコは
暑いのも
寒いのも
苦手にゃ〜
うにゃー

冬モード

丸まったり小さくなってる
ふだんは仲が悪いのにくっついてたり…
あったかいにゃ

こんなところが大人気！
玄関やお風呂場が
涼しくて好き
ひんやりー
タイルの上
つめたーい
バニラアイスなめたいにゃ
夜のベランダもお気に入り
虫がきたら最高にゃ!!
ある暑い日
ヒーターつきトイレの上
外側のふとんの上もあったかいにゃ
下半身だけ入っている
入る
ホカホカ
基本暖房のそばは離れたくないにゃ
スポット暖房の前
集中ゾーン
ある寒い日

シニアネコと暮らす

シニアになっても快適に過ごすための世話と健康管理

7～8歳を過ぎると老化がはじまります。
老化のサインを知って、年齢に合った
フードや世話で健康管理をしましょう。

ネコの老化

7～8歳を過ぎたころからシニアネコの仲間入り

いつまでも変わらないように見えるネコですが、年齢とともに体に変化が現れ、活動量も減ってきます。ネコの老化は、7～8歳頃からはじまり、10歳前後には、もうりっぱなシニアネコ。

歳をとると、目や耳、歯などが弱ってきたり、動きや反応が鈍くなってきます。また、毛づくろいや爪とぎなどの身づくろいがおろそかになりがちなので、いままで以上にケアしてあげる必要があります。シニア期に入ったら、フードやお手入れ、健康管理などを見直しましょう。

シニアになると運動量が減ってくる。

シニアネコのフード

年齢とともに活動量が減り、代謝も悪くなってきます。7～8歳頃から様子を見て、いままでどおりのフードだと体重が増えるようなら、シニア用フードへの切り替え時期。シニアネコはおとなネコの約8割の栄養で十分なので、低カロリーで消化のよいシニア用のフードがよいのです。

急に替えると食べないこともあるので、いままでのフードに何割か混ぜ、少しずつ切り替えること。全体の量も控えめにして、食が細くなっている場合は1日3～4回に分けて与えてもよいでしょう。

ネコは年齢を重ねると腎臓や膀胱系の病気が多くなり、水を多く飲ませると予防につながります。シニアになったら、水分が多いウェットフードにするのもひとつの方法。歯が弱っている場合も、ウェットフードやドライフードをふやかしてあげるようにします。

あ.ゴハン
かわったにゃ
シニア用

シニアネコ用の総合栄養食に切り替える。

老化のサイン

- ＊視力が低下。白内障や緑内障なども起こりやすい。
- ＊ヒゲや口のまわりに、白髪が増える。
- ＊毛づくろいをあまりしなくなり、毛ヅヤも悪くなる。
- ＊聴力が低下し、呼んでも反応がにぶくなる。
- ＊目ヤニが増える。
- ＊歯周病が増え、歯が抜けたり、口臭が強くなる。
- ＊動きが鈍くなり、寝ている時間が増える。
- ＊筋力が低下し、ジャンプ力が衰える。

シニアに多い病気

シニアネコの健康管理とかかりやすい病気

室内飼いのネコは平均して十数年の寿命といわれていますが、20年以上長生きするネコもいます。シニア期も健康で過ごせるように、健康チェックはしっかりと行いましょう。7～8歳以降は、感染症や病気が増えてくるので、年に2回の健康診断がおすすめです。

視力や聴力の衰え、目ヤニ、口臭などは、老化によるものもありますが、病気の可能性もあります。気になる症状があるときは、早めに病院で相談しましょう。

定期的に健康診断をしよう。

＊高齢のネコに多い病気は？

腎不全	8歳頃から、腎臓の病気が増える。多飲や頻尿のほか、体重が減ったり、口内炎ができたりする。
糖尿病	発症の初期は、多飲多尿、たくさん食べるのにやせるなどの症状。悪化すると死に至ることもある。
腫瘍	6歳頃から腫瘍ができやすくなる。しこりやできものがあったり、抱かれるのを嫌がるときは要注意。
巨大結腸症	8歳頃から増える。結腸に硬い便がたまり、排泄しようとしているのに便が出ない、食欲不振、嘔吐など。
白内障	目が白く濁り、視力が衰えるため、ふらふらしたり物にぶつかる。見えていないようなら病院に相談。
歯周病	歯肉が赤く腫れ、口臭が強くなり、歯が抜ける。病院で歯石除去をする場合は全身麻酔で行う。

シニアネコは変化が嫌い

生活環境を変えずにゆっくり過ごしてもらう

シニアになると、ネコはますます寝る時間が多くなっていきます。夏は涼しく、冬は暖かく居心地のよい場所に、専用ベッドを置いてあげましょう。とくに寒さには弱いので、ベッドに毛布を入れるなど、保温にも配慮してあげます。

視力や聴力も徐々に衰え、環境の変化に対応しにくくなってくるため、ネコのいる部屋は、できるだけ模様替えなどは避けること。ただし、動くのが大変になってきた老ネコには、ベッドとトイレを近くするなどの工夫はよいでしょう。

＊環境の変化はストレスになる

歳をとってからの環境の変化は、ストレスになります。とくにネコは、いつもお気に入りの場所で寝るなど、自分の居場所にこだわりがあります。できれば、模様替えや引っ越しは避けたいものです。

また、新しい子ネコを迎えるのも、歳をとった先住ネコには負担。じゃれついてくる子ネコの相手は大変で、自分のペースを乱されるので、ストレスの元凶となりかねません。

シニアネコの世話のポイント

ベッド

ベッドやお気に入りの場所に、心地よい布などを敷こう。やせてきたネコにも快適。

環境作り

お気に入りの高い場所に登れなくなったら、途中に足場を置き、登りやすくする。

ブラッシング

毛づくろいをしなくなってくるので、毎日、ブラッシングを。力を入れず、やさしく行う。

体の汚れ

毛の汚れが気になるときは、温かい蒸しタオルでふいてあげよう。

爪とぎ

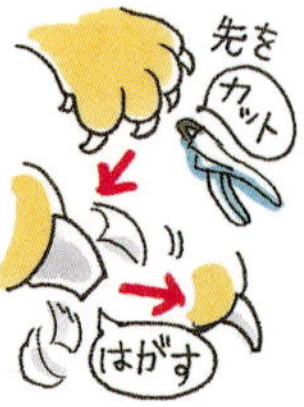

爪とぎせず運動量が減ると、爪がのびがち。まめにチェックして爪切りを。

歯みがき

歯周病や口臭が気になってくるので、可能なら歯みがきをしてあげよう。

シニアネコとのスキンシップ

適度なコミュニケーションで一緒に遊んであげよう

筋力が落ち、ジャンプ力も衰えてきたシニアネコは、激しい運動はしなくなります。でも、寝てばかりで体力がなくなるのも心配です。若いときのように、夢中でじゃれてくることはなくても、ネコじゃらしなどで誘って軽く運動させましょう。

飼い主さんとのスキンシップは適度に運動不足が解消できるだけでなく、脳への刺激にもなります。シニアだからと放っておかず、ブラッシング（P138）やマッサージ（P128）は健康管理に役立つので、コミュニケーションをかねて行いましょう。

ネコのペースに合わせて一緒に遊ぼう。

＊老後の介護

長寿ネコの中には、人間と同じようにボケの症状が出ることもあります。食べたばかりでもゴハンをねだったり、自分で排泄ができなくなったりするのです。排泄がコントロールできなくなったら、ネコ用のオムツを使うのもよいでしょう。排泄後にお尻をきれいにすることも大切です。

寝たきりになった場合は、床ずれしないように数時間ごとに寝姿勢を変えてあげます。

年とった… 気づいてにゃ
シニアネコはドライフードをカリカリかまない
カリッ
カリッ
ガリッ
若いネコ
…
シニア
…
ほぼ飲んでいる
やわらかいフードが好き
シニアの爪はとがらない
若いネコ
アカがつきやすい
自力で外側がはがれなくなるのではがしてあげるとよい
毛やヒゲのハリがなくなる
筋肉も落ちて軽くなる
部屋の隅や静かなところにいたがる
ふにゃ
シュッと
ネコ目にならない
腎臓が悪くなったりするとたくさん水を欲しがる
たくさん水を飲んでいたら検査にゃ
ピチャ
ピチャ
ピチャ
採血すると
シニアの血
若いコの血
血管の太さ弾力もちがうとか…
なかなかとれないし黒っぽい
ピュッ
押し上げるように出てきてキレイな赤
ポン
若いっていいなァ…
…
…
し〜ん

災害対策

キャリーケースで避難できるように準備しておこう！

万が一、地震、火事といった災害などで、
自宅から避難する場合のことも考えて、
ネコ用の非常袋を用意しておきましょう！

万一のために対策を！

キャリーケースやネコの名札などを準備

大きな地震や火災、台風などで、自宅から避難しなければならない場合も考えられます。ネコを連れて避難するためには、普段からキャリーケースに入る練習をしておくとよいでしょう。複数飼いの場合は、１匹につき１個のキャリーケースが必要です。

迷子になったときのために、普段から首輪や迷子札をつけておき、携帯電話の連絡先などを書いておくこと。ネコを個別識別するデータを入れたマイクロチップ（P98）を入れてあれば、さらに安心。

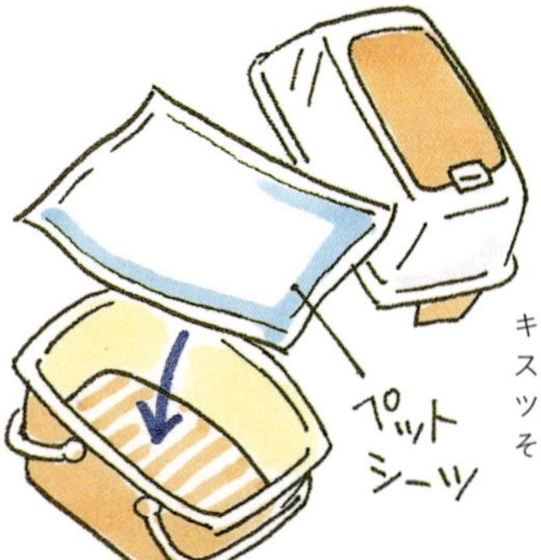

キャリーケースにはバスタオルかペットシーツを敷いておくと、そそう対策になる。

急いでキャリーケースに入れたいとき

＊

ネコの後ろからバスタオルをかけて包み、キャリーケースに入れる。

洗濯ネットにネコを入れてファスナーを閉め、そのままキャリーケースに。

非常時の準備

ネコ用の非常持ち出し袋を準備しておこう！

災害が起こったときに、最低限持って出る荷物がまとめてあれば便利です。人だけでなく、ネコ用にも非常持ち出し袋を準備しておきましょう。

普段食べているフードと飲み水は必須。フードは2～4週間ぶんあると安心です。

地震などがあるとネコもストレスを感じるようで、部屋の隅に隠れてしまうことがあります。そんなときは抱っこして声をかけてあげるようにしていれば、いざというときスムーズに避難することができます。

非常用袋に入れるグッズ

- キャットフード（2～4週間ぶん）
- 飲み水
- エサと水用の容器
- トイレ砂
- ペットシーツ
- トイレットペーパー
- ビニール袋、ゴミ袋
- タオル、毛布
- 首輪、ハーネス&リード
- ネコの写真（脱走時用）

避難するときは？

＊

避難所などで生活する場合は、キャリーケースのほかに、ネコを入れておくケージなどが必要です。ゆったり休めて、フードや水があげられる広さがあるとベスト。

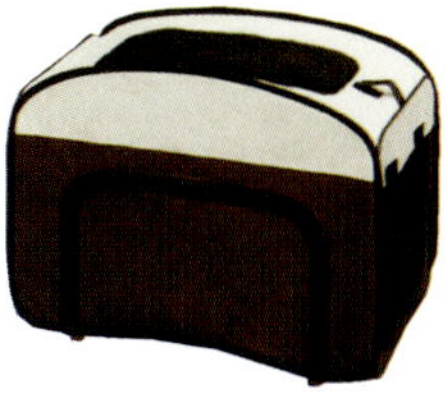

コンパクトにたためるソフトタイプのケージ。正面と側面の２か所の扉で出入りしやすい。／折りたたみソフトケージ（問い合わせ先：アイリスオーヤマ）

厚さ９センチとコンパクトにたためる（上）セミハードタイプのキャリー。天井と側面の２か所から出入り可能。／たためるキャリーバッグ ダブルオープンタイプ（問い合わせ先：iCat〈ゼフィール〉）

ハーネスで脱走予防

＊

いつも自由に過ごしているネコは、イヌのように首輪とリードでつないでおくことができないのが不安なところです。そこで、首と胸に通して簡単にすっぽ抜ける心配のないハーネス（胴輪）を利用するのもひとつの方法です。避難所などではハーネスをつけておけば、脱走や迷子を予防できます。

＊ネコを家に置いていくときは？

非常時の場合、ネコを連れて行けず、やむを得ず家に置いて行くことも考えなければなりません。こんなときは室内で自由にさせて、フードや飲み水をたっぷり用意。玄関の外には「ネコがいます」という張り紙をしておきます。

ネコに留守番をさせるときに気をつけること

1～2泊の外泊なら、ネコだけを置いて留守番をさせることも可能です。食事、トイレ、温度管理を忘れずに！

ネコの留守番のポイント

旅行に連れて行くより留守番のほうがおすすめ

ネコは自分のテリトリーである家にいるのが、いちばん安心します。旅行に一緒に連れて行くのは、ネコにとってはかえってストレスになることが多く、旅先で脱走してしまうと、見つけるのも困難。1～2泊程度の旅行なら、留守番させるとよいでしょう。

留守番のルール

夏や冬はエアコンなどで温度管理。
トイレは予備を置く。
ドライフードをたっぷりと。
水飲み場を数か所用意。

＊危ない場所には入れないようにしておく。
＊コンセントはさわれないようにするか、抜ておくと安心。

便利グッズ

←給餌と給水がひとつになった自動給餌器。フードと水が少なくなると、自動的に補充される。／ペット用自動給餌器（問い合わせ先：アイリスオーヤマ）

→分単位で時間を指定できる自動給餌器。1日3回まで設定でき、分量も設定可能。／オーエフティー O.F.T Petmate 自動給餌器　ラビストロ（問い合わせ先 :iCat〈ゼフィール〉）

↑1週間取り替えしなくてもOKのトイレ。専用のトイレ砂（右）をセットして使用。トイレ砂は大粒で肉球にはさまりにくい。／1週間取り替えいらずネコトイレフード付き・大玉脱臭サンド（問い合わせ先：アイリスオーヤマ）

長期間の外出は？

誰かに世話にきてもらうか ペットホテルに預ける

3日以上留守にする場合は、ネコだけの留守番は難しいので、誰かに世話にきてもらうのがベスト。家族や知人で頼める人がいればよいですが、いないときはペットシッターを利用する方法もあります。

持病があったり、家に誰かにきてもらうのが難しいときは、動物病院やペットホテルに預けることになります。かかりつけの動物病院などに問い合わせてみましょう。

ペットシッターを選ぶ

- □ ネコの扱いになれているか？
- □ 信頼できる人か？
- □ 契約書や保険はあるか確認
- □ 打ち合わせを事前にしっかりと！

ペットホテルを選ぶ

- □ 個室があるか
- □ ネコ専用の部屋があるか
- □ ワクチン接種の有無は？
- □ 清潔な施設か？

動物病院に預ける

*

病気があったり、飲ませる薬がある場合などは、かかりつけの動物病院に預けると安心。

C O L U M N

We love Cats! ③

脱走対策と迷子ネコの探索

室内飼いをしていても、ネコが脱走してしまうことがあります。外の世界は、車など危険がいっぱい。脱走するとそのまま帰ってこなかったり、見つからないこともあるので、脱走されないように対策をとりましょう。また、脱走グセがつくと、何度も脱走するようになるネコもいるので要注意です。

脱走してしまったときは、あわてず、すぐに対応を。脱走したネコはおびえて家の近所の物陰に隠れているケースが多いので、くまなく探します。チラシを作って近所に配ったり、近くの動物病院にも問い合わせてみましょう。また、保健所にも連絡を入れておくようにします。

脱走はココに注意！

＊玄関

家族が出入りするときは、そばにネコがいないことを確認してからドアを開け閉めする。

＊ベランダ

柵に格子をつけたり、開口部にネットをつけると安心。

＊窓や網戸

ネコが開けられないようにストッパーなどをつけておく。

迷子になったら…

＊チラシ作り

ネコの写真や特徴、連絡先を書いて、近所にポスティング。動物病院などに貼らせてもらえるか依頼。

＊保健所に連絡

保健所に失踪届などを出しておくと、保健所に情報が入ったときに連絡がもらえる。

迷子札やマイクロチップをつける

＊迷子札

普段から首輪に迷子札をつけておくとよい。

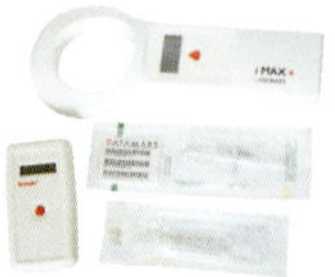

＊マイクロチップ

登録番号など情報を入れたチップで個体識別ができる。動物病院で体に挿入してもらう。

Chapter 4

ネコの遊ばせ方＆コミュニケーション

＊＊＊

ネコと遊ぼう！

「たまらんにゃ！」ネコが喜ぶおもちゃの動かし方をマスター

ネコは遊びを通して多くのことを学びます。
運動不足やストレス解消のためにも
上手な遊ばせ方を習得しましょう！

遊びは大切な日課

上手に遊んで賢く健康なネコになってもらおう！

本来ネコは、子ネコの時期は母ネコやきょうだいネコと過ごすもの。そして生後2～3カ月までのうちに、母ネコやきょうだいネコと遊んだり、じゃれたりするうちに、ネコとして生きていくためのいろいろなことを学びます。しかし、飼い猫は子ネコのときに1匹で家に迎えることが多いので、飼い主さんが母ネコやきょうだいネコの代わりに積極的に遊んであげる必要があります。子ネコのうちにたくさん遊ぶと、脳がよく発達するともいわれています。

また、室内ネコはどうしても運動不足になりがちです。家ネコは避妊・去勢手術を受けることが多いので、おとなになっても子ネコの部分を残しているネコが多いもの。ネコと遊ぶことは、これらの多くのことを解決し、飼い主さんとの絆を深める大切なイベントなのです。

子ネコはとくにたくさん遊んであげよう！

い ろ い ろ な お も ち ゃ

じゃらしタイプ
＊
定番のネコじゃらし。多くのネコが大好き。

獲物タイプ
＊
捕まえてキャッチしたり、キック、かむなど。

投げるタイプ
＊
ボールなど投げたり、くわえたり、かんで遊ぶ。

ヒモ&ゆらゆらタイプ
＊
動きを楽しむタイプで追いかけたりパンチする。

もぐる&くぐるタイプ
＊
狭い場所が好きなネコにぴったり。

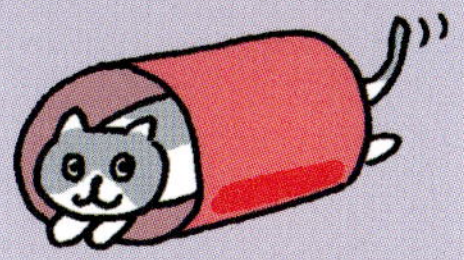

光タイプ
＊
光を壁や天井に走らせて獲物に見立てる。

「遊んで♪」のサインを見逃すな！
なんか視線を感じる…！ ネコの期待にこたえよう

ネコと遊ぶときはタイミングも大切。寝ているネコを起こしてムリに遊ぶなんていうのはダメ。

遊んでほしいときは、飼い主さんをじっと見つめていたり、そばにきて足元にすりすりするようなとき。なかには、おもちゃをくわえて持ってきて、飼い主さんのそばにポトリと落とすなんていうツワモノも。ネコの〝遊んでサイン〟をキャッチしたら、ぜひ遊んであげてください。

1回5～10分でOK

ネコの集中力は長くは続きません。1回の遊びは5～10分で十分。そして、1日2～3回、遊んであげられればベストです。

おもちゃを見せて
興味を示すときは
準備OK！

おもちゃの動かし方

喜んで遊ぶかどうかは動かし方にかかっている！

ネコの遊びの基本は、狩りの再現です。獲物となるネズミや昆虫、小鳥など、本物そっくりに動かすことができれば、ネコも大喜び。あなたの家のかわいいハンターが、獲物であるおもちゃをキャッチして狩猟本能を満足させるべく、上手な動かし方をマスターしましょう。

ただし、動かし方が単調だったり、いつも同じ動かし方をしていると、ネコはだんだん本気で遊ばなくなっていきます。飼い主さんは、複雑な動きを研究したり、変化をつけるなど、日々、精進することが大切です。

這わせたり、
飛ばしたり！

どのタイプのおもちゃが好き？

どんなおもちゃが好きかな？
タイプがわかったら、ネズミや小鳥、ヘビ、虫の動きを再現するのがポイント。

毛が生えているものが好き。
カサカサいう音が好き。

→ ネズミタイプ

飛ぶものが好きでよくジャンプする。
小鳥を見ると「カカカ」という。

→ 小鳥タイプ

ヒモが大好き。ヒモ状のものを見るとすぐにじゃれる。

→ ヘビタイプ

虫を見つけると「カカカ」といっている。
飛ぶものが好き。

→ 虫タイプ

おもちゃテク＊初級編

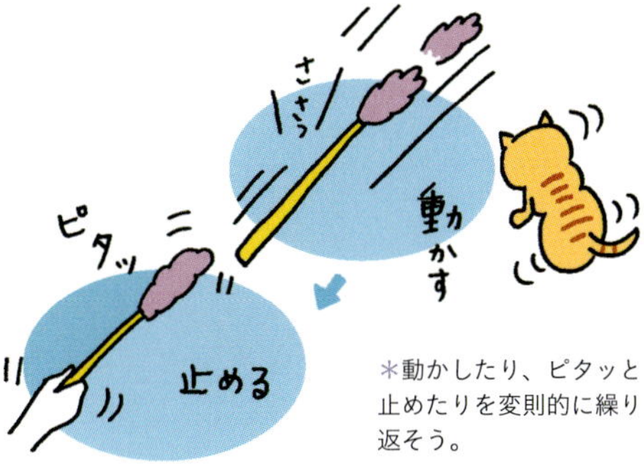

さっ
さっ
ピタッ
動かす
止める

＊動かしたり、ピタッと止めたりを変則的に繰り返そう。

ジグ
ザグ

＊左右におもちゃを振る。早く動かしたり、ゆっくり動かしたりしてみよう。

見せる
興味を示したら投げる
持ってきたらまた投げよう

＊投げるおもちゃは、投げるふりをして投げなかったり、さっと投げたりして変化をつけよう。

コハダのおもちゃ Best 3
3位
ヒモの先に プレゼントについていた赤いリボンを結んでつくった
かみ切った
かみすぎてもうぐちゃぐちゃ
2位
ゴム
ぴょん
ぴょん
空中で不規則に動く竿の先についたおもちゃ
3次元の動きにネコもジャンプ！
1位
ウサギの毛でできたネズミ
シャカシャカ音がする
わくわく
それ！
ダッ
投げると拾ってきてまたやれと目の前に落とす
ポト
投げてまた投げて
うず
うず
まだやるの？
期待の目
これをえんえんくり返す…
10匹セットの安いのは見向きもせず
ネズミ
ココからニオうにゃ
高いところに隠したら立ち上がって出そうとしていた

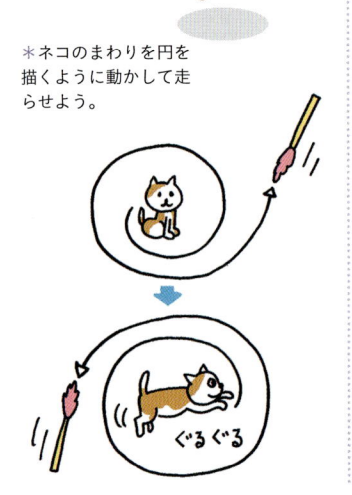

おもちゃテク＊中級編

＊床を這わせたり、さっと上げてジャンプさせてみよう。

＊ネコのまわりを円を描くように動かして走らせよう。

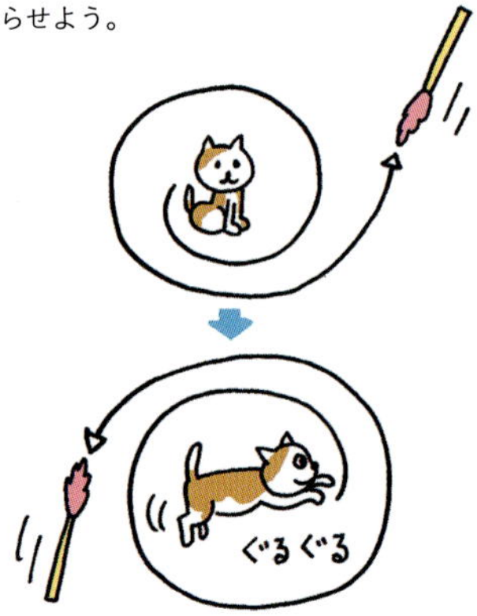

＊壁の陰におもちゃを隠したり、出したりしてみよう。

おもちゃテク＊上級編

＊変則的に動かし、ネコのそばから離したり、壁にそって動かしてみよう。

＊カーテンの裏でおもちゃを動かしたり、クッションの下などに隠してみよう。

＊布の下でかさかさ動かそう。ときどきおもちゃを出し、また隠してみよう。

なんでにゃ？Q&A

Q. おもちゃをすぐに壊してしまいます。

A. できるだけ、壊れにくいタイプのおもちゃを選びましょう。また、おもちゃを与えっぱなしにしておくと、飲み込んでしまうことがあり危険です。おもちゃは飼い主さんが見ているときだけ与えるようにすること。くわえたおもちゃを放さないときは、別のおもちゃで気を引いてさっととるとよいでしょう。

Q. いつまでも遊んでとせがみます。

A. 長時間遊んでいると、飼い主さんもネコも疲れてしまいます。そんなときは、ネコの気を上手にそらして、そのすきに大好きなおもちゃをネコが見えないところにしまうのがおすすめです。

Q. 遊ぼうとしているネコを、ほかのネコがじゃまします。

A. ネコを２匹以上飼っているときは、強いネコだけがおもちゃをひとりじめにしてしまうことがあります。それだと、遊べないネコはストレスがたまることに。遊ぶネコを決めたら、別の部屋で１匹ずつ遊ぶのがベスト。できるだけ平等に遊んであげましょう。

Q. おもちゃを与えても遊びません。また、遊んでもすぐ飽きてしまいます。

A. まず、ネコの好きなタイプのおもちゃを見つけてあげることが大切です。また、おもちゃの動かし方がいい加減だと、ネコは遊びません。飼い主さんは本気で動かし、日々、工夫してみましょう。また、おもちゃを出しっぱなしにすると飽きやすいので、遊んだらしまうことも大切です。

子ネコのときは激しく遊んでいたコも、年齢を重ねるにつれて、あまり遊ばなくなっていきます。シニアになったら、ムリに遊ばせなくてOK。その代わり、なでたりマッサージなどのコミュニケーションを増やしましょう。

遊びと習性
ネコはつかまえたおもちゃをかんだりなめたりします
がぶ
がぶ
ボロ…
本人は狩りのつもり
しとめたにゃ！
獲物をくわえて運び、ざらざらの舌で毛皮をそぐ
そんな習性から
飛びかかる前にはお尻をふりふり
黒目が大きくなる
ネコパンチ
シャッ
獲物や敵に攻撃！本気のときは爪がシャキーン!!
かかえこんでの
必殺ネコキック！
本気のときしか爪は出さないとか聞くけど
金太はいつも本気らしい…
ナマ傷だらけ…

上手なスキンシップ

自由気ままなネコとコミュニケーション！上手ななで方＆抱っこ

なでたり、抱っこしたりできるようになると
ネコとの暮らしもグンと楽しくなります！
ご機嫌をうかがいながら上手にスキンシップ！

ネコをなでてみよう

「ここが気持ちいいにゃ」なでられポイントを知ろう

自由気ままに過ごすのが好きなネコは、本来は警戒心が強い動物です。家ネコになっても、なれるまでは心を開いてくれないことも。そんなときは、時間をかけて信頼関係を築くことが大切です。

ネコをムリやりつかんでなでたり、力づくで抱いたりしていると、ネコとの距離は離れるばかり。まずは、なでられると気持ちよいポイントを知って、上手にスキンシップしましょう。

なでられポイント

ネコが一般的になでられるとうれしい場所とそうでない場所を紹介。ネコによって個体差があるので、あなたのネコのなでられポイントを探りましょう。自分でなめられないところは、なでられるとうれしいところです。

うれしいところ

たいていのネコが好き
おでこ
首のまわり
耳のまわり
ほっぺ
あごやノド

イヤなところ・敏感なところ

たいていのネコが嫌い
背中
腰
シッポ
お尻
手足や肉球

ネコのサインを見逃すな！

「今ならさわっていいにゃ」ネコのご機嫌を見極めよう

ネコをなでるときは、ネコの気分を見極めるのが大切。ネコが「かまってほしいにゃ〜」というタイミングを知り、ネコに近づきます。なれないうちは、ネコがあいさつ代わりにする「くんくん」からはじめます。指先を出して、くんくんかいだら第一歩は成功です。くんくんしてもネコがそばにいるようなら、やさしく声をかけながら、なでてみましょう。

こちらの様子を伺っているときはチャンス！

＊かまってほしいネコのサイン

すりすりしてくる

やってきてジャマする

乗ってくる

寄りかかってくる

じっと見る

おなかを出して
うふうふしている

歩いてきた！

いずれもいきなりはダメ、
声をかけてから。

「くんくん」から「なでなで」までの道のりチャート

スタート

しゃがんで指先をネコに差し出す → くんくんしてくれた！ → なでなでできた！

やった！信頼関係ばっちり！

しゃがんで指先をネコに差し出す ↓ くんくんしてくれない… ゆっくりなかよくなろう！

くんくんしてくれた！ ↓ 近くに去って行った… 信頼関係ができるまであと少し！

くんくんしてくれた！ ↘ 遠くに去って行った… あせらず信頼関係を築こう！

ネコを抱っこしてみよう

「抱っこしてもいいにゃ」もふもふ抱っこに挑戦！

ネコと暮らすなら、抱っこしてもふもふしたい！と思っている人も多いでしょう。しかし、すべてのネコが飼い主さんに抱っこされるのが好き、というわけではありません。抱っこは、ネコにとっては体が地面から浮き、拘束されること。警戒心が強いネコは、抱っこ嫌いなのです。

抱っこが嫌いなネコの場合は、ムリして抱っこしないこと。ゆっくり時間をかけると抱っこが好きになることもあるので、ネコのご機嫌を見ながらトライしましょう。抱っこができなくても、なでることができるなら、十分に信頼関係のあるしるしです。

抱っこが好きでも、どんな姿勢で抱かれるのが好きかは、ネコによっていろいろです。あなたとネコとの最適な抱っこを見つけましょう。

＊「抱っこはイヤにゃ」のサイン

抱っこしようとすると手足をつっぱる

すぐに降りようとする

抱っこすると緊張している

こんなときはなでたり抱っこしない！

ごはんちゅう

毛づくろいちゅう

寝てるとき

別の遊びをしている

いろいろな抱っこ

仰向けだっこや向かい合い抱っこなど、ネコによって好きな抱っこの姿勢はさまざま。お尻をしっかり支えるのが安定した抱き方のコツ。

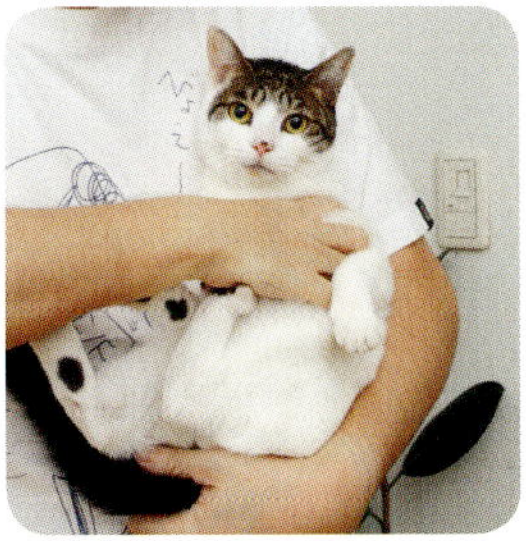

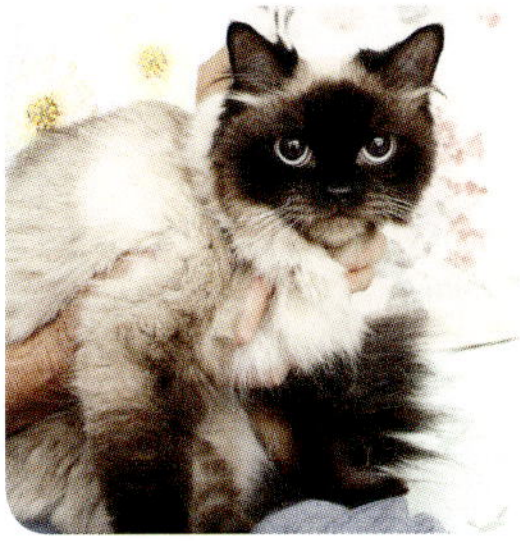

抱っこもそれぞれ
おなかは上向きが落ち着くフク
抱っこが苦手なコもけっこう多い
ちょっと緊張‥
1歳でやっとおなかが下向きなら抱っこされるようになったコハダ
コハダ大きくなったなー
でも獣医さんにはいともカンタンに上向き抱っこされている…
←どうやら固まっているらしい
10年越しでやっと抱っこ好きになるコなども
うる…
ゴロ
抱っこさせてくれた……
長かった……
ガシッ
イクラー…そろそろ降りようかし
フー
イクラは抱っこ魔
降ろそうとすると怒る
3度のゴハンより抱っこが好き

ネコとなかよくなろう！

もっと甘えてほしい！ネコとなかよくなるさらなるポイント

ネコとなかよくなるには、ネコの気持ちを尊重することが大切です。放っておいてほしいポイントを知っておきましょう。

ネコゴコロを知ろう

しつこくしないのがポイント！ネコに好かれる飼い主になろう

ネコとなかよくなるには、ネコゴコロを理解することが大切です。イヌは集団で生活する動物なので、一緒に暮らす家族と上下関係を築いて暮らしていきます。しかし、ネコは単独のハンタータイプ。ひとりで好きなように行動します。自由で気まぐれといわれるのはそのためです。

ただし、人と暮らすネコたちは避妊・去勢手術を受けていることが多いので、ずっと子ネコの部分を残しているともいわれます。

だから、母ネコに甘えるように飼い主さんに甘えるネコが多いというわけ。

そんな気まぐれなネコとなかよく暮らすには、ネコが遊んでほしいと思っているときには遊んであげて、放っておいてほしいと思っているときは上手に放っておいてあげることが大切です。

ネコはしつこくされるのが大嫌い。くるくると変化する微妙なネコゴコロを上手にキャッチして、なかよくなりましょう。

うーん気持ち
いいにゃ〜
そろそろ飽き
てきたにゃ…

どうしてジャマしにくる!?

きてほしくないときに限って ネコはなぜやってくる？

飼い主さんがテレビやパソコンに向かっているとき、本を読んでいるとき、片付けをしているときなど、きてほしくないときに限って、ネコは飼い主さんのところにやってきます。

ネコからしてみると「何をしてるんにゃ？」というような気持ちかもしれません。そして、いつもは放っておいてほしいくせに、こんなときは「なでて！」とゴロンとじゃまな場所にころがったりします。これは、別のものに熱中している飼い主さんに嫉妬しつつ、自分に注意を向けてほしいという微妙なネコゴコロ。「じゃま！」とか「どいて！」などと言ったりせず、ぜひ、なでてあげましょう。しかし、ここでもしつこくするのはタブー。いつまでもなでたり、抱っこしつづけたりすると、いきなりネコキックが入ったり、あばれて去っていったりします。そんな「そろそろやめて」サインを見逃さないことも、飼い主さんの大切な仕事です。

＊なでなで＆抱っこのやめどき

さっきまでゴロゴロいってたクセに、急につれなくなるネコ。引っかかれる前にやめましょう。

シッポを大きく振っている。

耳が倒れてきた。

足でキックしてくる。

目が真剣になっている。

こんな人が苦手…
ネコ！ ネコ!!
キャ〜ん♡
追いまわす子ども
笑っちゃう
アハハ
もう
大声を出す人
カン高い声
ネコは耳がいいにゃ
ほっといて欲しいにゃ…
パタ
パタ
かわいい!!
シッポ振ってる〜!!
ネコ大好き〜!!!
寝ているのにしつこくさわる…など
ネコの姿がないときは苦手な人なのかも
静かなところ行こ〜。

ネコと暮らす部屋作り

ネコと人の両方が快適に暮らせる部屋を用意しよう

室内でネコと暮らすなら、ネコが自由に遊べる環境を用意してあげることが大切。部屋のそうじのポイントも紹介します。

上下にジャンプできる工夫を！

たて方向に移動できるよう家具やタワーを用意する

ネコと暮らすには、とくに広い部屋は必要ありません。それよりネコは上下方向にジャンプする習性がある動物。高いところに自由に行けるように家具を配置したり、ネコ用のタワーを置きましょう。

また、ネコが落ち着いて過ごせるように静かな環境を用意。ベッドやトイレ、エサや水などは、いつでもネコが行かれるように配置します。

ネコが入ってもよい部屋は、ドアにネコドアをつけておくと、ドアを開けっ放ししておかなくてもよいので便利です。

そうじのポイント

ネコと暮らしていると、どうしても抜け毛やホコリが気になります。清潔に暮らすポイントは、こまめなそうじです。散らかったトイレ砂や、フードの食べ散らかしなどは、毎日チェックして取り除いて拭きそうじを。抜け毛対策には、粘着テープやスリッカーブラシが便利です。

＊抜け毛対策

ソファや衣類などは粘着テープを使う。

そうじ機をかける。

カーペットの抜け毛はスリッカーブラシで取り除くとよい。

ネコが遊べる部屋作り

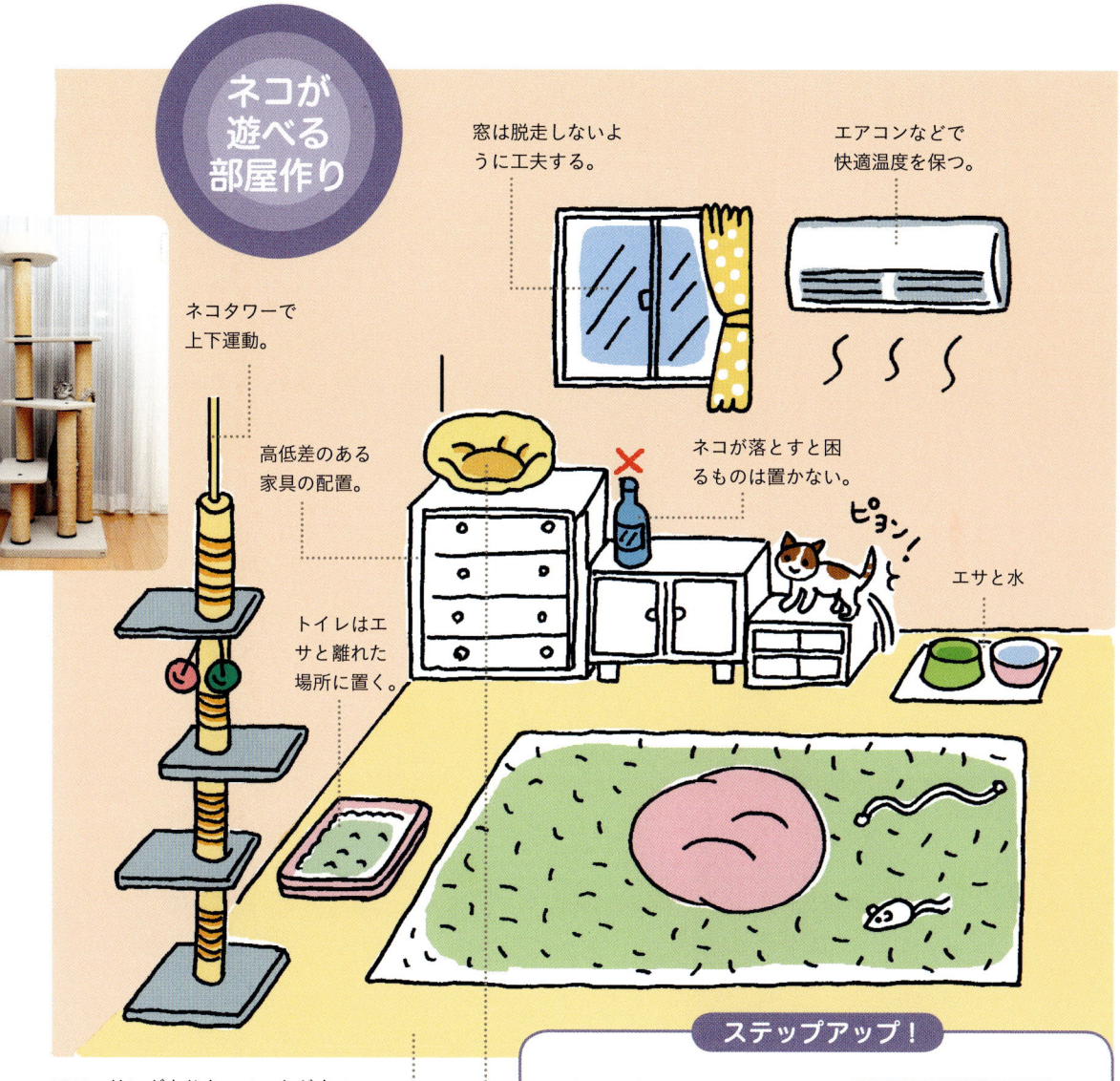

窓は脱走しないように工夫する。

エアコンなどで快適温度を保つ。

ネコタワーで上下運動。

高低差のある家具の配置。

ネコが落とすと困るものは置かない。

エサと水

トイレはエサと離れた場所に置く。

フローリングよりカーペットがすべりにくい（騒音対策にも good)。

ベッドは落ち着ける場所に置く。

ステップアップ！

部屋の改造が可能なら、ネコ用に工夫してみよう。

＊ネコドアで自由に出入り

＊キャットステップでジャンプ運動

手作りネコグッズ

ネコが大喜び！
手作りおもちゃに
挑戦しよう

ネコが大好きなまたたびやネコ毛を使って、
手作りおもちゃやクッションにトライ！
お手軽段ボール爪とぎも紹介します。

またたび入りおもちゃ

材料

布 ・・・・・・・・ 17cm × 22cm
糸、わた、ネコの抜け毛
またたびの実（またはキャットニップ）

作り方

1

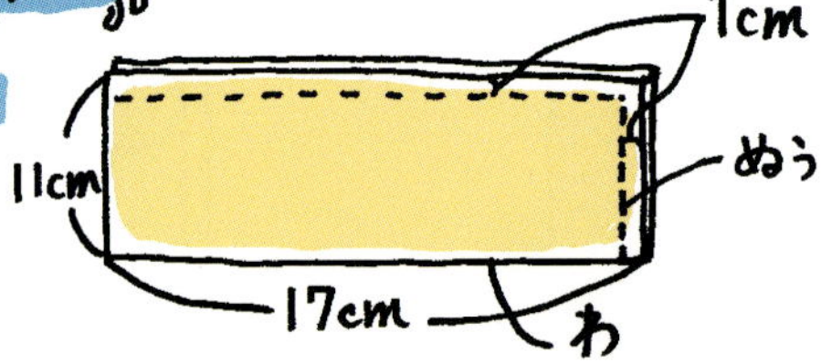

2

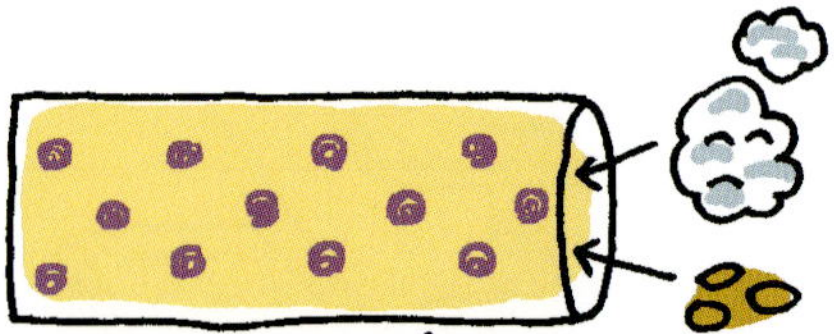

うら返して、わた＋ネコの毛＋またたびの実を中につめる。

なくてもOK！

キャットニップでもOK！

3

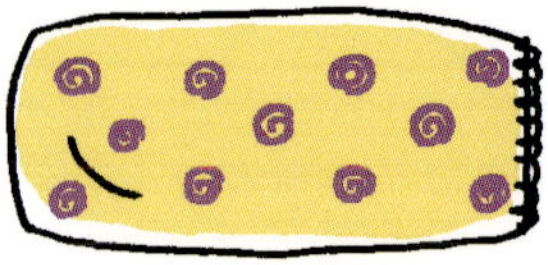

はしを内側に折ってぬいとめる。

段ボールの爪とぎ

材料　段ボール　木工用ボンド　ヒモ

作り方

1 ダンボールを同じサイズに切る。

2

断面をそろえてボンドで貼る。

3

両端をヒモで結んで完成。

お昼寝あごのせクッション

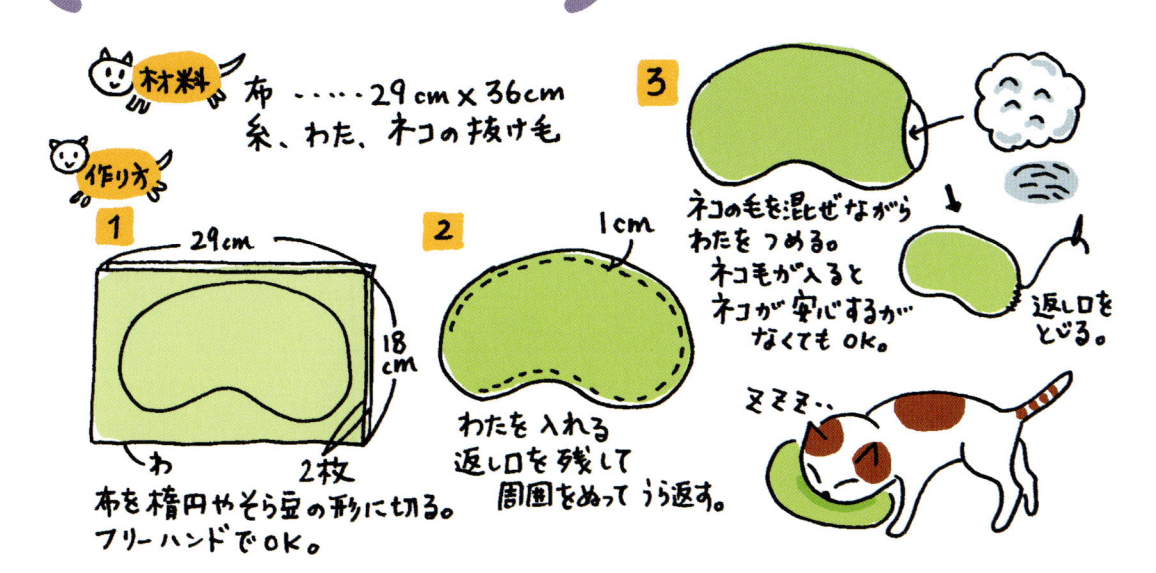

材料　布……29cm×36cm
糸、わた、ネコの抜け毛

作り方

1

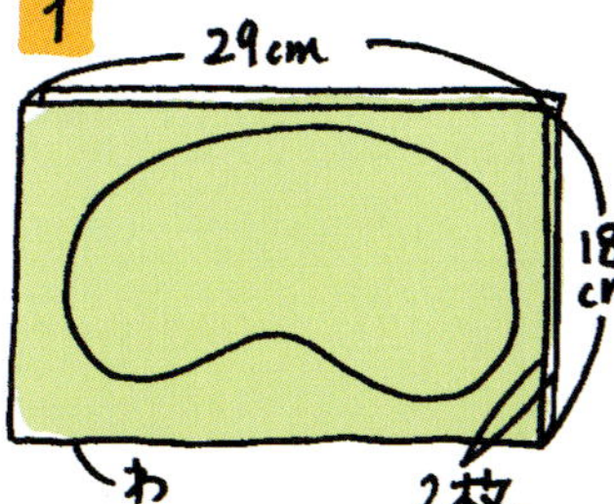

布を楕円やそら豆の形に切る。
フリーハンドでOK。

2

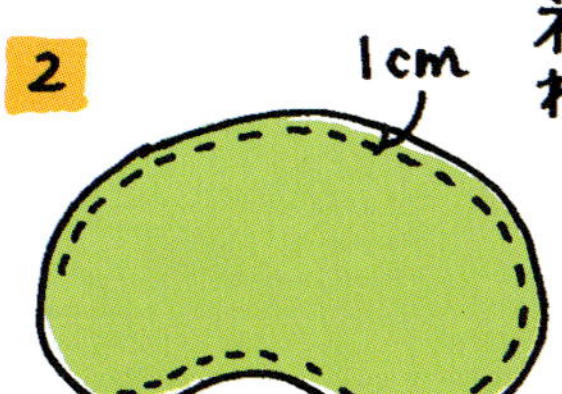

わたを入れる
返し口を残して
周囲をぬってうら返す。

3

ネコの毛を混ぜながらわたをつめる。
ネコ毛が入るとネコが安心するがなくてもOK。

返し口をとじる。

C O L U M N

We love Cats! ④
ネコと散歩に行くときは？

ネコは、子ネコのときから室内で飼っていると、基本的に外に出たがったりしないものです。しかし、外ネコ出身だったり、脱走経験があると、外に出たがることも。そんなとき、安全に外に出す方法として、リードをつけて散歩に行くという選択肢があります。

リードをつけての散歩は、どのネコもうまくいくとは限りませんが、上手に散歩に行っているネコもいます。どうしても外に出たがるときは、検討してみましょう。

Chapter 5
健康管理と病気

＊＊＊

動物病院選びと予防接種

かかりつけの病院を見つけてネコの健康を守ろう

ネコの健康管理は飼い主さんの仕事。
痛みや苦痛を言葉で伝えられないので、
定期的な健康診断や予防接種が重要です。

病院選びと健康診断

定期的に健康診断を受けて病気を未然に防ごう

家にネコを迎える前に、動物病院を探しておきましょう。予防接種や健康診断をまかせられる病院があれば、いざというときも安心です。

子ネコのうちは成長を確認し、おとなネコは病気の早期発見、早期治療のために、定期的に健康診断を受けさせましょう。健康に見えるネコでも、１歳以降のネコは年に１回、７歳以上のシニアネコは年に２回以上の受診が理想。健康診断の内容はネコの年齢や健康状態により、医師と相談して決めるとよいでしょう。

病院選びのポイント

動物病院は、ネコの知識が豊富で動物の扱いがよく、ていねいに相談にのってくれる医院を選びましょう。診察の対応や方針、料金などは、それぞれの病院で異なります。実際に行って納得できない面があれば、別の病院に行ってみるのもひとつの方法です。ネコを飼っている知人に聞くなど、口コミを参考にするとよいでしょう。

ネコの健康診断の主な内容

触診・聴診	触診ではリンパ節の腫れやしこりの有無、むくみ、脈拍など。聴診では心音、肺音、腸音などをチェック。
血液検査	貧血、感染、炎症、猫エイズや猫白血病ウイルスの感染の有無。肝臓、腎臓、膵臓、ホルモンの異常など。
糞尿検査	便では消化吸収、寄生虫感染、腸内細菌など、尿では膀胱炎、尿石症、腎不全など。
レントゲン検査	呼吸器、心臓、肝臓、胃腸、腎臓、骨、関節など。触診ではわからない臓器のチェック。
超音波検査	各臓器の状態や腫瘍の有無、進行度など。
眼の検査	傷や結膜炎、涙の分泌量、眼圧など。さらに目薬を使って網膜や視神経を観察することもある。
歯の検査	歯石や歯肉炎の有無。レントゲン撮影による歯根の検査など。
心電図	心臓疾患の有無。不整脈や心肥大などをチェック。

よい動物病院とは？

- □ 知識・情報が豊富で、きちんと説明してくれる
- □ 健康管理や飼育についてアドバイスしてくれる
- □ 病院内が明るく清潔で、きちんとしている
- □ 治療費を明確に提示してくれる
- □ できれば家から通いやすいところがよい
- □ 口コミで評判がよい

病院へ行くとき

キャリーバッグなどに入れ くれぐれも脱走に注意！

動物病院へ連れて行くときには、ネコが逃げないように、必ずキャリーバッグなどに入れて行きます。感染症の場合もあるので、待合室で診察を待つときもネコをバッグから出さないこと。なれない場所にきてストレスを感じているので、ネコが暴れたり、逃げたりしないように気をつけます。

普段から抱っこしたり、キャリーバッグになれさせておくことも大切。また、ネコを大きめの洗濯ネットに入れてからバッグに入れると、逃走防止になります（P94）。

診察のときは、飼い主がネコの体をおさえるなど補助する場合もあります。そばで声をかけて、安心させてあげましょう。

ワクチン接種の時期と種類

ワクチンで予防できる病気もあります。ワクチン接種は、生後２カ月と３カ月の子ネコのときに受け、その後は年に１回受けるのが基本です。

室内飼いで外に出ていないネコでも、人が外から病原体を持ちこんだり、ネコが脱走することもあるので、定期的にきちんと受けさせましょう。

現在、日本では、３種混合ワクチンまたは、５種混合ワクチンが一般的です。

＊ワクチンの免疫はどのくらいもつ？

ワクチン接種をしても、免疫が持続する期間には個体差があるようです。国によっては、ネコのワクチン接種は３年に１回でよいとしているところもあります。ただし、日本の場合はワクチン接種率が低く感染症が多いため、やはり１年に１回のペースを守ったほうがよいでしょう。

病院に行くときのポイント

- □ キャリーバッグなどに入れる
- □ 急病やケガの際は電話で獣医の指示を受けてから行くとよい
- □ 体調不良のときは、いつからどのような状態か、食欲、食べたもの、嘔吐や排泄の状態などについてメモしていく

ワクチンで予防できる病気

コアワクチン	猫ウイルス性鼻気管炎	感染したネコとの接触で感染。鼻水、クシャミ、ヨダレ、咳、目ヤニが出る。結膜炎や角膜炎で失明したり、子ネコやシニアネコは死に至ることもある。
コアワクチン	猫カリシウイルス感染症候群	鼻水、クシャミ、ヨダレ、咳、目ヤニが出る。風邪症状が進行すると口鼻に水泡や潰瘍、口内炎、舌炎ができ、食欲減退から衰弱。死に至ることもある。
コアワクチン	猫汎白血球減少症	猫パルボウィルスが原因。別名は猫伝染性腸炎。感染ネコの排泄物などから感染。高熱や激しい下痢、嘔吐による脱水、白血球の減少など。子ネコは死亡率が高い。
ノンコアワクチン	猫白血病ウイルス感染症	感染ネコの唾液や血液、母ネコの母乳などから感染。慢性的に歯肉の腫れ、口内炎、食欲不振、貧血などがあり、発症するとリンパ腫や白血病になりやすい。
ノンコアワクチン	猫クラミジア病	クラミジアが目や鼻などから入り、粘膜に炎症を起こす。クシャミ、鼻水、咳のほか、口内炎、舌炎などが主な症状。
ノンコアワクチン	猫免疫不全ウイルス感染症（猫エイズ）	感染ネコとのケンカなど傷口から感染。すぐ発病はしないが免疫力が弱く、慢性の口内炎や下痢、風邪症状が出る。
ノンコアワクチン	狂犬病	ウイルスに神経がおかされ死亡。国内では発症していないが、海外に連れて行くなら予防接種や抗体検査が必要な場合もある。

＊コアワクチン
予防の必要性が高いと考えられている病気のワクチン。

＊ノンコアワクチン
地域や飼い方によって予防したほうがよい病気のワクチン（狂犬病はイヌ用を代用可。2014年６月現在）。

＊ワクチン接種時に気をつけたいこと
- ワクチン接種は元気で健康なネコが体調がよい日にすること。
- 接種後はシャンプーや激しい運動をさせないこと。
- 接種後に元気や食欲が低下したり、発熱、嘔吐、下痢などいつもと違う様子が見られたら、動物病院にかならず相談すること。
- アレルギー反応などは接種後１～数時間以内に起こるので、ワクチン接種はできれば午前中に受けるとよい。

健康チェック

普段からネコの健康状態をチェックしておく

ずっと元気で長生きしてくれるように、
ネコの健康状態を毎日チェック！
いつもとちがうときは、動物病院へ。

日々の健康チェック

元気がない、食欲がないなどいつもとちがう様子はないか

いつも寝ていることが多かったり、マイペースのネコたちは、痛みや苦痛を感じていても飼い主はなかなか気づきにくいものです。

なんとなく元気がないと感じたら、気をつけて右の項目をチェックしてください。いつものおもちゃや遊びに乗り気にならないときも、具合が悪い場合があります。コミュニケーションをとりながら、早めに気づいて対処してあげたいものです。

毎日ネコの様子をよく観察しよう。

行動をチェック！

食欲	食欲が低下していないか？　単なる好き嫌いの場合もあるが、食欲低下は病気の疑いがある。
水を飲む量	普段と比べて、やたらと水を飲む量が多い場合は腎臓の病気などが疑われる。
排泄	排泄の回数や量、色や匂いなどに異常がないか。下痢や便秘、頻尿、血尿がないか。排泄しづらそうにしているときも要注意。
嘔吐	繰り返し嘔吐したり、体重が減っている場合は、病気の可能性が高い。
毛づくろい	いつもよりもしつこく体をなめ続けているときは、ストレスの場合がある。また、全身をかきむしるときは、ノミや皮膚炎の疑いがある。
その他の行動	いつもとちがって、さわられたり、抱っこを嫌がるときは、体に痛みがあるしるし。抱っこすると鳴くときも痛みのおそれがある。

体の各部をチェック こんな症状があるときは動物病院へ！

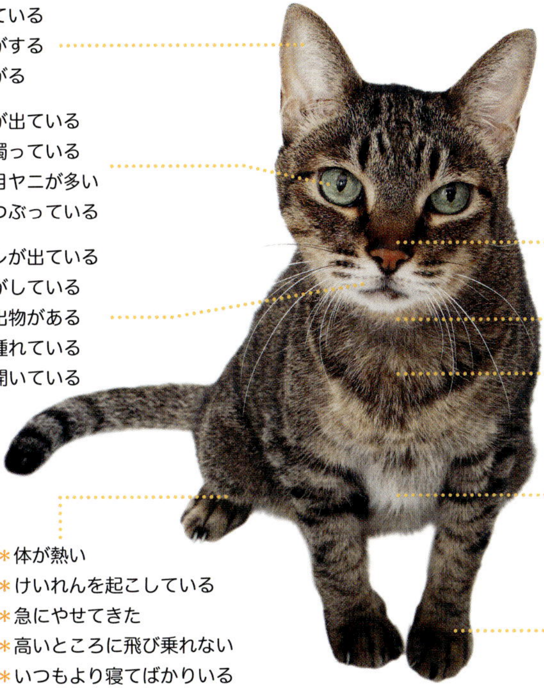

耳
＊汚れている
＊悪臭がする
＊かゆがる

目
＊瞬膜が出ている
＊白く濁っている
＊涙や目ヤニが多い
＊目をつぶっている

口
＊ヨダレが出ている
＊悪臭がしている
＊吹き出物がある
＊唇が腫れている
＊口を開いている

全体
＊体が熱い
＊けいれんを起こしている
＊急にやせてきた
＊高いところに飛び乗れない
＊いつもより寝てばかりいる

鼻
＊鼻血や鼻汁が出ている
＊鼻が乾いている
＊クシャミをしている

ノド
＊咳が出る
＊変な音がする
＊リンパ腺が腫れている

胸
＊呼吸が普段よりも速い

お腹
＊ふくらんでいる
＊しこりがある

皮膚
＊フケが出る
＊かゆがる
＊脱毛
＊傷がある

健康なときの状態を知っておく

体調の変化をチェックするために、健康な状態を知っておくことも必要です。元気なときでも、体重はときどき量って増減がないか確認しましょう。

正常値
体温＊約38～39度　呼吸数＊20～30／分
心拍数＊約120～180／分
※測り方はＰ150

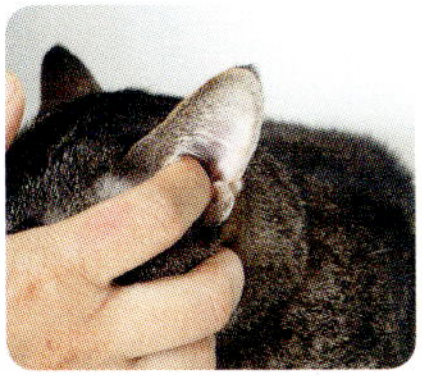

←耳の中がいつもより熱いときは発熱の可能性が大。

→体重はネコを抱っこして量るとよい。

＊ネコの医療費、どうする？

動物病院にかかると、思いがけない出費になります。ワクチン接種や健康診断だけでなく、病気になったときのお金は、日頃から準備しておくのが基本。民間の会社から出ているペット保険に入るのもひとつの方法ですが、加入や支払いの条件などは事前に確認しておきましょう。

また、保険に加入しなくても、掛け金のつもりで毎月一定額をネコ用に預金するのもおすすめです。

保険加入時のチェック事項
- □ 自分のネコが加入できるかどうか
- □ 補償内容と保障額
- □ 掛け金（保険料）の額
- □ 掛け捨てかどうか
- □ 解約する場合は？

避妊と去勢

繁殖させないなら手術は発情前に受けさせよう

室内飼いのネコは避妊・去勢手術をしたほうがネコ自身のストレスもなく飼いやすいでしょう。病気予防になるというメリットもあります。

ネコの発情

生後6カ月以降が目安。メスの発情期は年に2～3回

発情期とは、成熟したメスネコが定期的に迎える繁殖のシーズンのことで、この時期に交尾すれば100％に近い確率で妊娠します。オスには明確な発情期はなく、メスが放つ匂いで発情します。

メスのはじめての発情は生後6～10カ月以降。その後は年に2～3回の発情期があります。オスは生後8カ月頃、性的に成熟し、あちこちにくさいオシッコをかけるスプレー行為をするようになります。

発情のサイン

メス

＊外に聞こえるほどの大声で鳴く。発情期の間、2週間くらい鳴きつづける。

＊体をくねくねさせたり、腰をあげたりする。

＊食欲が減り、排尿が増える。

オス

＊なわばりを主張するために、くさいオシッコをあちこちにかけるスプレー行為をする。真後ろにむかってピュッと飛ばすようにするのが特徴。

＊落ち着きがなく、外に出たがって大声で鳴く。

♀発情の声に ♂抗争勃発
アオ〜ン
若い頃ウニが発情
ニャオ〜ン
メスをめぐって外はオスの争い… 夜じゅう 家の中も外も おたけびが 止まらなかった…!!
金太は停留睾丸…
シャッ
ナワバリ!!
くっさいっ
8カ月のある日 スプレーを するように
手術をしに行ったが 外にタマが1コしかない…
停留睾丸 だね
もう1コは おなかの中にあるから 手術でとろうね
フーッ
ほわん
今は 穏やかな コになったよ

避妊と去勢

繁殖をさせないときは避妊・去勢手術をしよう

発情期の鳴き声やマーキングは、飼い主にとって大きなストレスになるだけでなく、ネコも外に出たいのに出られずにストレスがたまります。

また、メスネコが脱走して妊娠して帰ってきたり、オスネコが脱走して外ネコを妊娠させることもあり、ノラネコや飼いきれない子ネコが増える原因にもなるのです。

繁殖を考えていないなら、早めに避妊・去勢手術をするようにしましょう。手術をすると、発情期特有の行動がなくなり、性格も穏やかになり、飼いやすくなります。ネコ自身も発情期のストレスがなく、のんびり暮らせるようになるでしょう。また、メスもオスも、避妊・去勢手術をすると、生殖器の病気の予防になるというメリットがあります。

ただし、手術をするとホルモンバランスなどの関係で、メス、オスともに太りやすくなります。ゴハンの内容に注意して、一緒に遊んだり、室内でも運動できるように工夫してあげましょう。

手術の時期は？

避妊・去勢手術は時期が早すぎると、成長に影響することもあります。逆に遅すぎても、オスのスプレー行為が残るなど、十分なメリットが得られないことがあるのです。

手術は生後6カ月以降を目安に、発情前に行うのがベスト。タイミングが重要なので、かかりつけの動物病院で相談しましょう。

費用は病院によって異なります。また、自治体によっては、飼いネコの避妊・去勢手術費の一部に補助が出るところもあります。住んでいる地区の役所に問い合わせてみるとよいでしょう。

手術のメリット

メスの場合

- 発情期にうるさく鳴くことがなくなり、性格も安定してストレスが減る。
- 子宮蓄膿症、子宮内膜炎、子宮ガン、卵巣腫瘍、乳腺腫瘍、乳腺炎などの病気予防になる。

オスの場合

- スプレー行為をしなくなる。または減る。
- 攻撃性やなわばり意識が減り、ケンカをしなくなる。メスを求めての脱走がなくなる。
- 睾丸腫瘍、前立腺肥大などの病気が予防できる。

避妊・去勢手術の内容

避妊手術（メス）

- 卵巣のみを摘出する場合と、卵巣と子宮を摘出する場合がある。
- 開腹手術で３〜７日の入院。
- ２〜３万円の費用と入院費がかかる。

去勢手術（オス）

- 睾丸を摘出する手術で、全身麻酔で手術時間は数十分程度。
- 日帰り手術も可能。
- 費用は１万5000〜２万円ほど。

子ネコを産ませたい！

ネコのお見合いと妊娠・出産の成功のコツは？

ネコを繁殖させたいときは、相手を探してお見合いをさせます。獣医師やブリーダーなどに相談するとよいでしょう。

お見合いと交尾の流れ

繁殖のシーズンになったらオスの自宅でお見合いする

ネコの発情期はおもに春と秋ですが、個体差があり冬に発情するメスもいるようです。シーズン中のメスは約10日の周期で発情を繰り返し、オスはメスの匂いに刺激されて発情します。

ネコは交尾をした刺激でメスの排卵が促されるため、交尾をすればほとんどの場合、妊娠します。そのため、避妊・去勢をしていないメスとオスを一緒に飼っていたり、外に散歩に出したりしていれば、ほぼ確実に子ネコが産まれるのです。

メスがオスを受け入れないこともある

計画的に妊娠させる場合は、獣医師やブリーダーなどに相手を紹介してもらいます。オスはなわばりに敏感なので、メスをオスの自宅に連れて行ってお見合いをさせましょう。

メスは発情期でもオスを選ぶので、うまくいかないこともあります。また、交尾まで数日かかることもあるので、4～5日はオス宅に預けましょう。

＊お見合い・交配の手順

1. 予防接種や病気や寄生虫などの検査をしておく。
2. オスを紹介してもらう。純血種は交配料を払うのが一般的。
3. オスの家にメスを連れて行き、2～3日から数日間預ける。

妊娠の兆候と変化

1週目	交尾後2～3日で発情期の鳴き声などがやむ。ホルモン分泌が盛んになり、被毛にツヤが出る。
3週目	食欲が旺盛になり、お腹がふくらんでくる。乳首がピンク色になる。
4週目	普段の2倍くらい食べるようになり、よく眠る。子宮が膀胱を圧迫するため排尿回数が増える。
8週目	お腹が大きくふくらみ、獣医に見せると子ネコの数を確認できる。次第に落ち着かなくなり、乳首から母乳がにじむ。
9週目	出産直前には食欲が減退。落ち着きがなく、飼い主にすり寄り甘えたりする。交尾後約63日で出産。

出産の準備と出産までの流れ

産箱を作って出産の準備。母ネコを見守ってあげよう

妊娠後は、母ネコが安心して子ネコを産めるように、飼い主さんが見守ってあげましょう。

妊娠して２週目くらいになるとそわそわしだすので、出産するための産箱を用意。

出産は、基本的に母ネコにまかせます。いきんでも生まれてこないなど、トラブルがあったときだけサポートしてあげましょう。

妊娠中のゴハン

妊娠４週目くらいから母ネコの食欲が旺盛になります。胎児のためにも良質のタンパク質、カルシウム、ビタミン類などが豊富な総合栄養食のフードを食べさせましょう。

１日の総量は２～３割増やし、食べるようなら２倍くらいあげてもＯＫ。急に増やさず、様子を見ながら調整します。妊娠後期は胃が圧迫されて一度にたくさんは食べにくくなるので、１日４～５回に分けて与えましょう。

産箱の準備

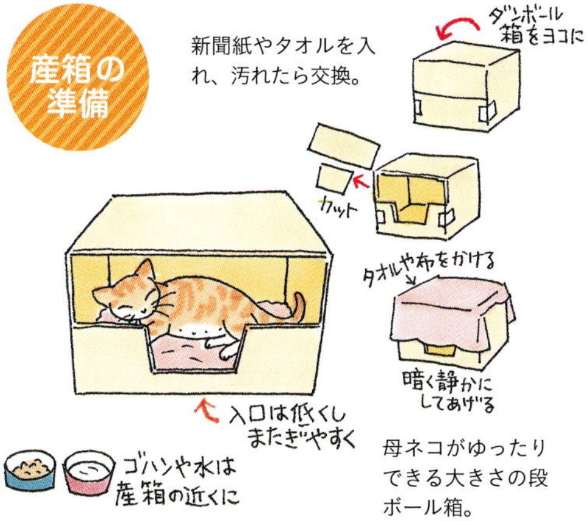
ダンボール箱をヨコに
カット
タオルや布をかける
暗く静かにしてあげる
入口は低くしまたぎやすく
ゴハンや水は産箱の近くに

新聞紙やタオルを入れ、汚れたら交換。

母ネコがゆったりできる大きさの段ボール箱。

出産のプロセス

1. 出産直前
そわそわして飼い主に甘えたり、産箱を点検する。

2. 陣痛がはじまる
産箱で手足をのばしていきむ。血が混じったおりものが出る。

3. 第１子誕生
陣痛から約30分で第１子が誕生。子ネコを包む膜をなめとり呼吸させる。

4. 産後の始末
母ネコがへその緒をかみ切り、分娩後に出てくる胎盤などを食べる（胎盤はまとめて出ることもある）。なめてきれいになった子ネコに授乳する。

5. 陣痛・出産
10～30分間隔で次の陣痛がはじまり、陣痛と出産を繰り返す。子ネコは２～６匹ほど。子ネコを全部産み終わるまで見守る。

こんなときはどうする？

いきんでいるのに、１時間以上出産しない。子ネコがまだおなかにいるはずなのに、いきむのをやめた。	獣医師に連絡して対処を相談する。
子ネコが仮死状態で産まれてきた。	鼻や口の中の羊水をぬぐい、体を暖める。指先でやさしく全身をマッサージしながら呼吸を促す。
母ネコが産まれた子ネコの世話をしない。	へその緒を木綿糸で結んではさみで切り、暖かいガーゼで子ネコの体をふく。子ネコの世話はP28を参照。

母ネコは子ネコをよくなめて世話をする。

おっぱいを飲む生後２週めの子ネコ。

Chapter ⑤ 健康管理と病気

ノミ・ダニ対策

ネコの天敵！見つけたらすぐにノミ対策をしよう

室内飼いのネコでも油断は大敵！
１匹見つけたら100匹いるともいわれるので
徹底的に駆除し、予防も徹底しましょう。

かゆ～いノミ、どうする？

ノミは病気の原因にもなる！すぐに駆除するのが正解

ネコにつく外部寄生虫には、ネコノミやマダニなどがあり、血を吸って成長します。寄生されたネコはかゆがり、下痢や貧血、皮膚炎などを起こすこともあります。室内飼いでも脱走やベランダでついたり、動物病院やほかのネコとの接触などでつくことも。ノミはネコの毛や室内でどんどん繁殖するので、見つけしだい、徹底的に駆除しましょう。

ノミの成長と繁殖

卵

0.3 ～ 0.5mmのごく小さな白い粒で、2～5日でふ化する。

幼虫

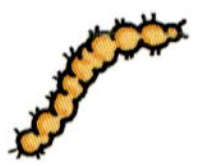

ふ化した幼虫は、脱皮をしながら7～10日でさなぎになる。

さなぎ

2～3週間で成虫になる。さなぎのまま越冬する場合もある。

成虫

ネコに寄生して血を吸って成長。さらに産卵して増殖する。

梅雨どきから秋までは要注意！

ノミは気温18度以上、湿度70%以上の環境で、発生しやすくなります。発生のピークは、梅雨の時期から残暑の秋頃まで。ネコノミは人を吸血することもあるので、刺されると人も強烈なかゆみに襲われます。

ネコの毛やベッドなどに黒い小さな粒（ノミのフン）があれば、ノミがいる証拠。黒い場所では白い卵が見つかることでもわかります。

こんなときはノミがいる可能性が大！

- □ かゆがって、しきりに体をかいている
- □ 体や毛をガブガブとかんでいる
- □ 毛をかきわけると黒い粒がついている

ノミを駆除する方法

動物病院の専用薬のほか クシやシャンプーも有効

ノミがいるのがわかったら、専用薬で駆除するのがもっとも効果的。動物病院にさまざまなタイプの薬があるので、相談して処方してもらいましょう。

また、ノミとりクシやノミとりシャンプーで直接駆除するのも有効です。ただし、ノミをつぶすと卵が飛び散ることがあるので要注意。ノミや卵は決してつぶさず、台所用洗剤などにつけて退治するのがポイントです。

部屋を徹底的にそうじしよう！

ノミを見つけたら、ネコの体だけでなく、部屋を徹底的にそうじすること。ノミの卵や幼虫、さなぎまで、残らずとり除くことが重要です。

ネコが出入りする場所はすべて掃除機をかけ、ソファやカーペットなどは粘着テープなどを使ってきれいにします。ホコリを防ぐとノミの発生防止にも役立ちます。

ネコ用ベッドやタオルなどを洗う。

しばらくは毎日、徹底的にそうじ機をかける。

ノミがいたらすぐに対処しよう！

ノミ・ダニ・フィラリアの駆除

＊

専用薬 動物病院で処方してもらう

レボリューション

フィラリア予防、ノミ・耳ダニ・耳カイセン駆虫。ネコの首にたらすスポットタイプ。

フロントラインプラス

ノミ・ダニ用。ネコの首にたらすスポットタイプ。

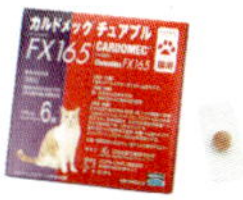

カルドメックチュアブル

蚊が媒介するフィラリアの予防薬。

フロントラインスプレー

ノミ・ダニ用。ネコの体に直接スプレーしたり、牛活環境に噴霧して使う。

ノミとりクシ

毛を根元からすいて物理的にノミをとる。ノミや卵はつぶさずに洗剤などにつけて退治。

シャンプー

ノミとり用シャンプーで洗うときは、頭から下に向かって順に洗うのがコツ。

ネコのマッサージ

気持ちいいにゃん！簡単マッサージと症状別マッサージ

スキンシップをかねて、ネコにやさしくマッサージをしてあげるのもおすすめ。ツボや経絡を知っているとさらに効果的！

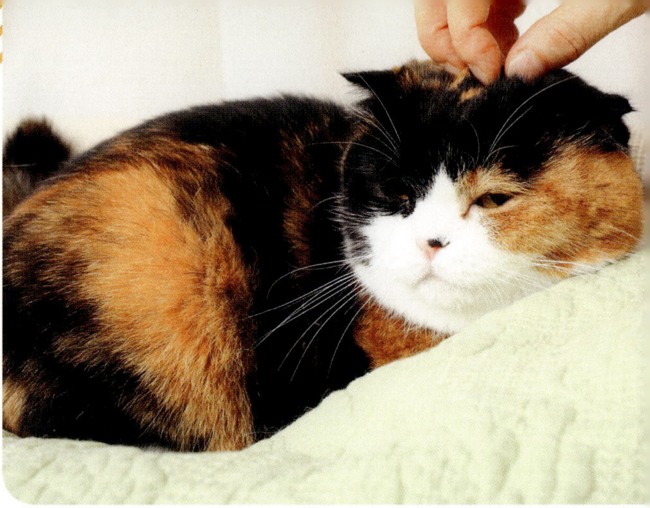

のんびりリラックス！
なでるようにやさしくマッサージをしてあげよう

飼い主さんがネコにマッサージをしてあげると、ネコをリラックスさせたり、健康増進に役立ちます。さらに、マッサージはよいスキンシップにもなるのです。まずは、体全体の簡単マッサージを紹介します。にゃんことののんびりタイムにトライしてみましょう。

マッサージのポイント

- □ マッサージは1日5～10分と短時間でOK
- □ 強く押すのではなく、なでるようにする
- □ ネコが嫌がるときや嫌がる場所は無理にやらない
- □ ネコが喜ぶ、顔のまわりからはじめよう
- □ 暖かい手でやること

マッサージの指使い

なでたり、つまむなど、ネコが気持ちよさそうにする方法を組み合わせましょう。

なでる
＊

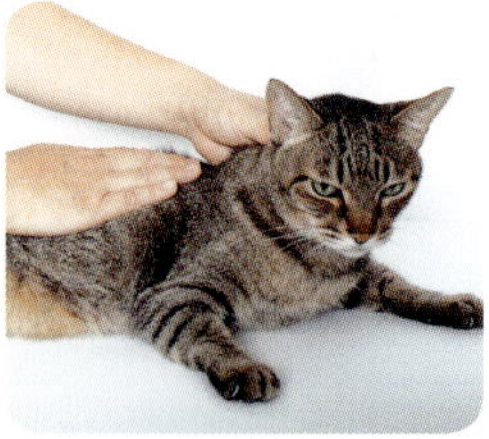

指先や手の平で、やさしくなでるようにマッサージ。

タッチする
＊

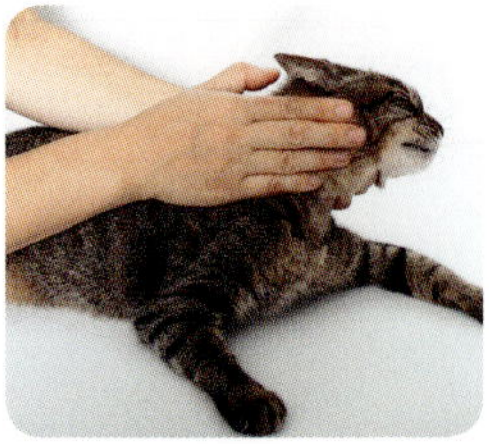

指先で軽くタッチ。指を立てずに、指の腹でさわる。

かく
＊

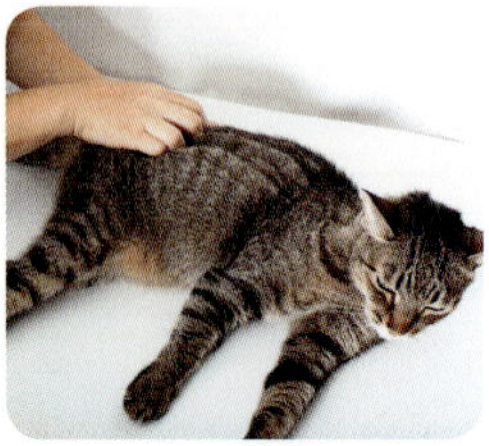

指先をクシのようにして、かくように動かす。

つまむ
＊

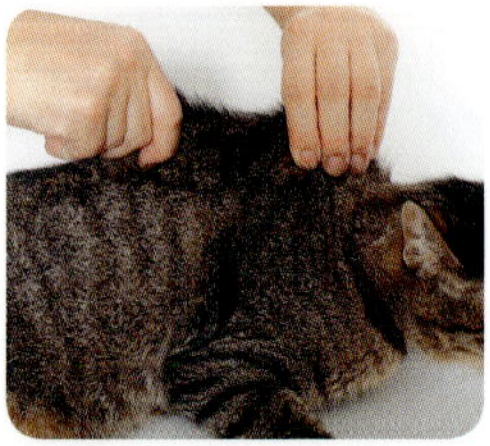

首の後ろなどを指の腹で皮をつまんで引っぱる。

全身の簡単マッサージ

マッサージの順番にとくに決まりはありませんが、
顔から体へとなでていくのがおすすめ！

❶ 耳をもむ

耳にはツボが多く集まっている。指の腹ではさむようにしてもむ。

❷ 目と目の上

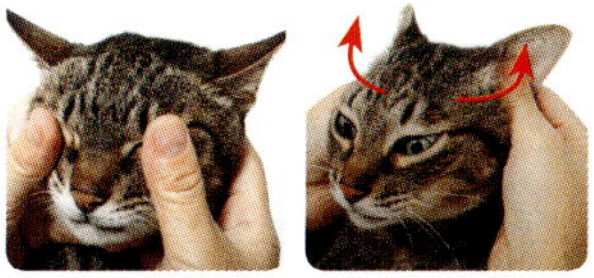

まぶたに親指を軽くあてるようにして、目頭から目の上、耳の方向にのばすようにもむ。

❸ 顔をぐにぐに

顔を両手ではさみこむようにして、顔中心から外側へぐにぐにとマッサージ。

❹ アゴをくるくる

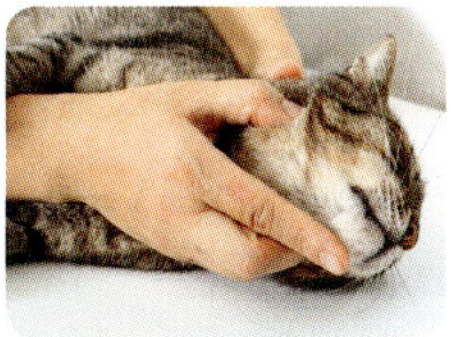

アゴは分泌腺があり、もまれて気持ちのいいところ。人指し指を使ってくるくると小さな輪を描く。

❺ 背中をなでる

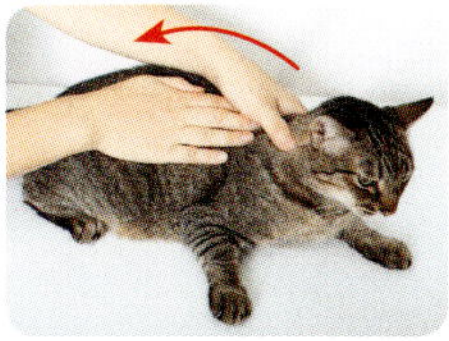

背中全体をやさしくなでる。なでたあと首からお尻にかけて背骨のラインをつまんでいく。

❻ 胸とおなかをなでる

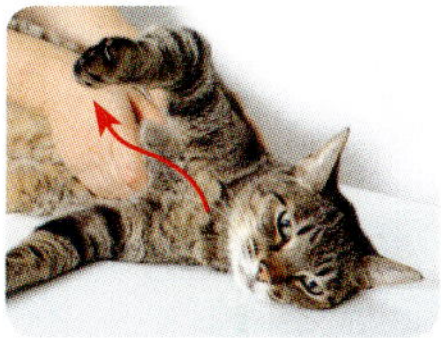

ゴロンとリラックスさせて、胸からおなかに向けてなでていく。

❼ おなかは円を描く

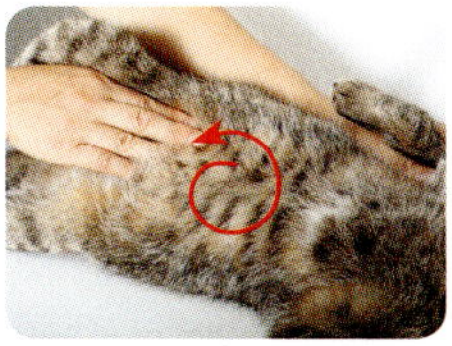

おなかはヘソのまわりを人指し指・中指・薬指の３本を使って、うず巻きを描くようにしてさする。

❽ 足先と肉球をギュッ

足先のマッサージができると爪切りもラクになる。指先でつまんで肉球をもんでいく。

❾ シッポをギュッ

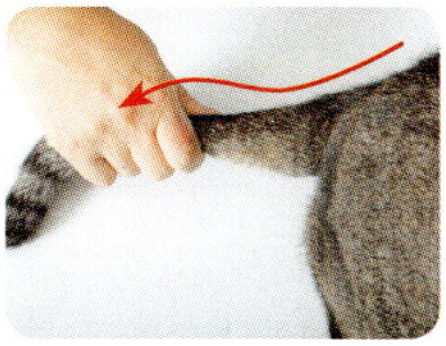

指ではさんでつけ根から先へと軽く握りながら手を動かす。嫌がるときは無理にやらなくてＯＫ。

myao!

ネコのツボ

ネコの体にも、人と同じようにたくさんのツボがあります。
主なツボの名前と効能を紹介。
マッサージのときはツボを意識すると効果的です。
また、暖かいタオルで温湿布をしたり、お灸を利用して温めてもよいでしょう。

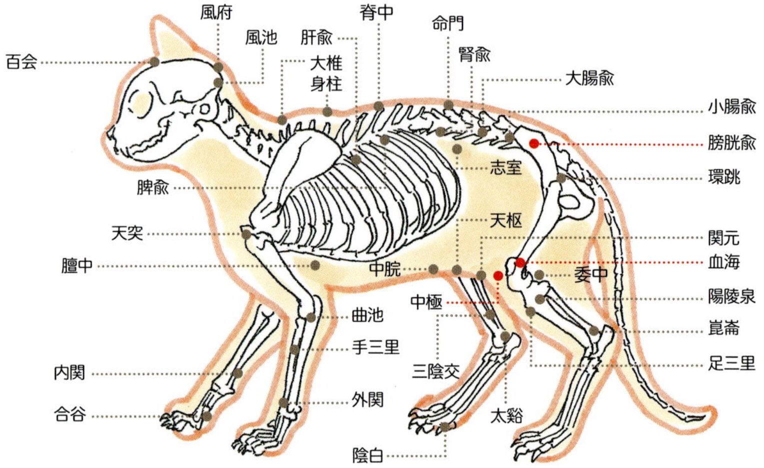
百会
風府
風池
肝兪
大椎
身柱
脊中
命門
腎兪
大腸兪
小腸兪
膀胱兪
環跳
志室
脾兪
天枢
天突
膻中
中脘
関元
血海
委中
中極
陽陵泉
曲池
崑崙
手三里
足三里
内関
三陰交
外関
合谷
太谿
陰白

●は図の裏側
・膀胱兪は第７腰椎と第１仙骨の間
・血海は足の内側
・中極は腹部の中央

＊ネコの主なツボと効能

百会（ひゃくえ）	興奮しやすい、神経過敏、ストレス、便秘、鼻水
風府（ふうふ）	風邪症状
風池（ふうち）	眼疾患、初期の風邪、鼻炎、難聴、ストレス
大椎（だいつい）	発熱、鼻血
身柱（しんちゅう）	風邪症状、肺炎、気管支炎、ストレス
脊中（せきちゅう）	下痢、消化不良
命門（めいもん）	体力不足、虚弱
天突（てんとつ）	過呼吸、巨大食道・食道炎による吐出
膻中（だんちゅう）	不安、ストレス、心臓、呼吸器系疾患、咳、乳腺炎
中脘（ちゅうかん）	下痢、嘔吐、食欲不振、消化不良、便秘
天枢（てんすう）	下痢
関元（かんげん）	膀胱炎
中極（ちゅうきょく）	膀胱炎
曲池（きょくち）	発熱、咳、上半身の痛み
外関（がいかん）	老年性難聴
内関（ないかん）	胃腸などの働きをよくする、乗り物酔い、咳
合谷（ごうこく）	歯肉炎、口内炎、眼結膜炎
三陰交（さんいんこう）	肝、脾、腎の経絡の働きをよくする、婦人科の失調

陰白（いんぱく）	食欲不振、毛玉
太谿（たいけい）	腎臓の病気、膀胱炎、便秘、乾燥肌、足の冷え
手三里（てさんり）	食欲不振、口内炎
足三里（あしさんり）	後足の麻痺、嘔吐、下痢、消化不良、発熱、口内炎、食欲不振
環跳（かんちょう）	後足の麻痺、股関節、膝の痛み
陽陵泉（ようりょうせん）	筋肉、骨の疾患、肝、胆、神経、全身の経絡の働きをよくする
血海（けっかい）	食欲不振、毛玉
委中（いちゅう）	血をきれいにする、腰痛・背中の痛み
崑崙（こんろん）	首の痛み、腰痛、坐骨神経痛
肝兪（かんゆ）	肝胆炎、ストレス、肝の働きをよくする
脾兪（ひゆ）	脾の働きをよくする、胃腸の働きを促進
腎兪（じんゆ）	泌尿器・生殖器、腰痛、腎の働きをよくする
志室（ししつ）	腎の働きをよくする
大腸兪（だいちょうゆ）	腰痛、便秘、便通をよくする
小腸兪（しょうちょうゆ）	便秘
膀胱兪（ぼうこうゆ）	頻尿、排尿困難

こんなときどうする？

症状別・おすすめマッサージ

便秘・便が固い

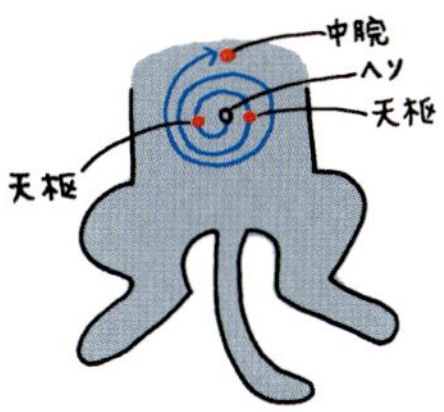

ヘソを中心に、暖かい手でやさしく右回りにマッサージ。

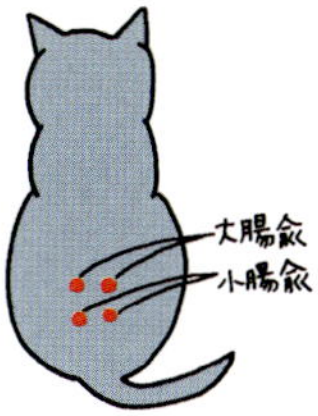

大腸兪と小腸兪をやさしくマッサージ。

下痢・便がやわらかい

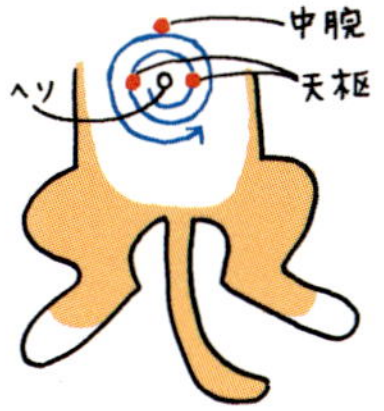

ヘソを中心に、暖かい手でやさしく左回りにマッサージ。足三里を指圧してもよい。

膀胱炎・オシッコが近い

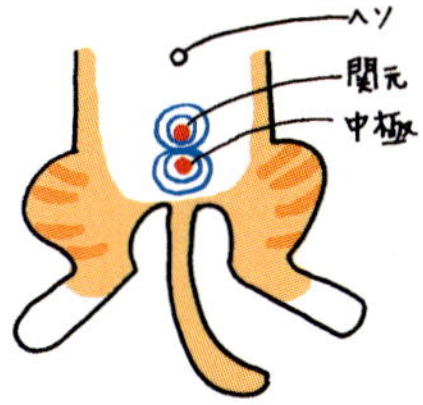

中極を中心に、暖かい手で円を描くようにマッサージ。温湿布やお灸で温めてもＯＫ。

百会と大椎を軽く指圧し、ゆっくり背中を下がり命門、腎兪のまわりを円を描くようにマッサージ。

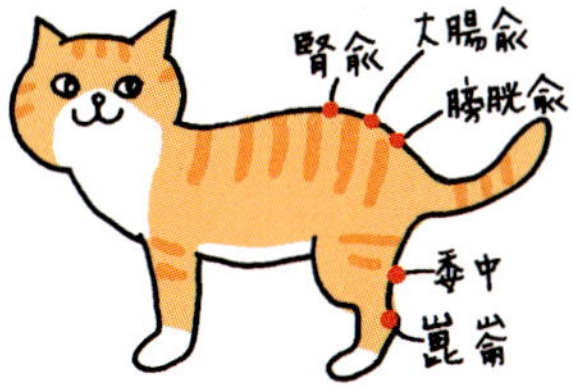

腎兪、大腸兪、膀胱兪から、後ろ足の委中、崑崙をマッサージ。

腰痛・下半身が沈んでいる

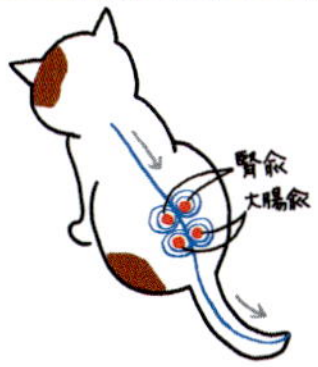

首のつけ根から尾の先までゆっくりなでる。腎兪と大腸兪は意識して円を描くようにマッサージ。痛みが強いときは腰にはさわらず、委中を意識して後ろ足をマッサージするとよい。

食欲不振

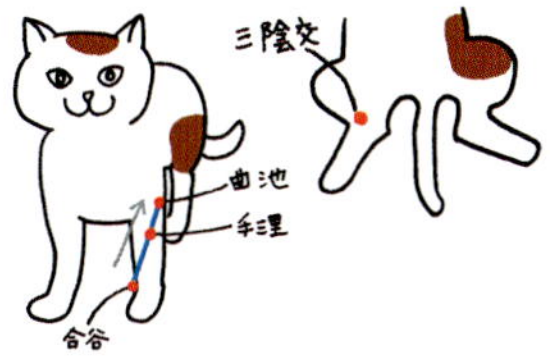

前足のつま先から合谷、手の内側を上行し、手三里、曲池をやさしくなでる。三陰交をやさしく指圧してもよい。

口内炎・歯肉炎

曲池、合谷、手三里の順で指圧する。

※症状がある場合は、まず動物病院で診察を受け、マッサージはあくまで補助的に行うようにしてください。

ネコの経絡

経絡は気やエネルギーが流れる道のようなもので、ツボは経絡の上にあります。
12 ある経絡は互いにつながりあい、体中を巡り、再び最初の経絡に戻ります。
このサイクルに属さない督脈、任脈を加えると経絡は全部で 14。
経絡の流れを意識してマッサージするとより効果的です。

督脈【とくみゃく】

場所	会陰部から口の上までの背中の中央をつないだ部分。
主な効能	経絡の陽経（胆、小腸、三焦、胃、大腸、膀胱）の気血の流れを調節。 トイレが近い、後ろ足に力が入らなくない、腰痛、膀胱炎、慢性の下痢などに。
マッサージのポイント	頭のてっぺんから尾の先までなでるようにマッサージ。尾は骨をひとつひとつ握るように。

任脈【にんみゃく】

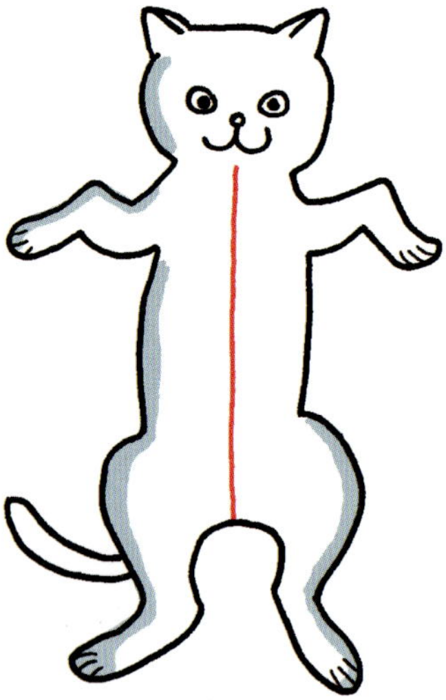

場所	会陰部から口の下まで、腹部の中央をつないだ部分。
主な効能	経絡の陰経（肝、心、心包、脾、肺、腎）の気血の流れを調節。 おなかの調子を整える、尿の出をよくする、気持ちが穏やかになり元気がでる、咳や嘔吐などに。
マッサージのポイント	リラックスして自然とゴロンと横になったら、毛並に沿って腹部をやさしくマッサージ。

肺経

＊前肢太陰肺経

場所	腹胸部に起こり、前足の前面を通り、脇の下から出て前足第1指の爪のつけ根内側まで。
主な効能	呼吸器の働きの調節、体内の水分の調節。咳、鼻水、気管支炎などに。
マッサージのポイント	経絡に沿って指圧し、第1指の爪のつけ根をつまむようにもむ。

大腸経

＊前肢陽明大腸経

場所	前足第2指内側から前面を通り、反対の鼻の横まで。
主な効能	食欲不振、口内炎、歯肉炎、鼻水などに。
マッサージのポイント	口内炎や歯肉炎のときは、曲池、合谷、手三里のツボの順に指圧する。

胃脈

＊後肢陽明胃経

場所	鼻の横から目の下までの部分と、鼻の横から腹部を通り、後ろ足の第2指まで。
主な効能	口内炎、下痢、胃炎、膀胱炎、毛玉症、食欲不振など。
マッサージのポイント	後ろ足は親指と人差し指を使って握るようにやさしく指圧。とくに足三里のツボを意識して指圧するとよい。

脾経

＊後肢太陰脾経

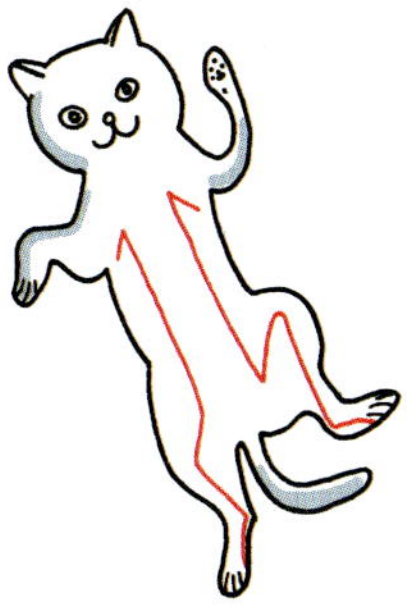

場所	後ろ足第1指から、後ろ足の前側を通り、鼠径部、腹部、横隔膜、胸部まで。
主な効能	食欲不振、毛玉症など。
マッサージのポイント	つま先の内側から経絡に沿って、乳首の上を上行するようにマッサージ。大腸経と組み合わせるとよい。

心経

＊前肢少陰心経

場所	心臓に起こり、脇の下から出て、前足の内側を下り、前足第５指の内側に至る。
主な効能	気血を全身にめぐらせ、精神状態を支配。ストレス、便秘などに。心機能を整える効果も。
マッサージのポイント	前足はさわられることに敏感なネコが多いのでソフトタッチで。第5指の爪のつけ根をやさしくつまむ。

小腸経

＊前肢太陽小腸経

場所	第５指に起こり、前足の後ろ面を手関節、肘関節、肩関節を上行。首、目、耳に至る。
主な効能	耳の疾患、目の疾患などに。
マッサージのポイント	頭部は親指を使って指圧。前足は関節をやさしく指圧する。

膀胱経

＊後肢太陽膀胱経

場所	目の内側から後頭部、脊椎の両脇を通り、ヒザ裏、後ろ足の第５指まで。
主な効能	腰痛、結膜炎（ドライアイ）、膀胱炎、尿道炎、腎不全、便秘などに。
マッサージのポイント	目頭から頭、首、背中、尾のつけ根、後ろ足、足先への2本のラインを手の平や親指を使ってゆっくりマッサージ。

腎経

＊後肢少陰腎経

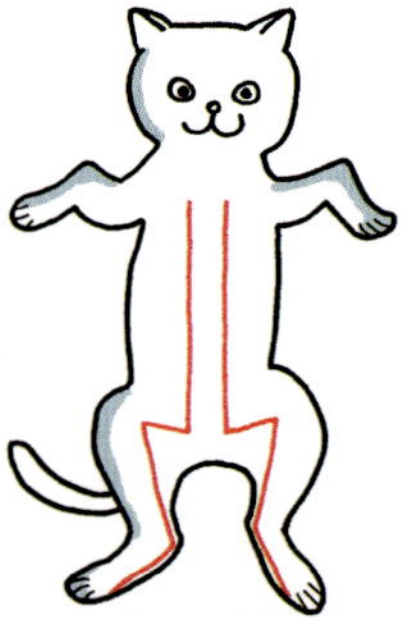

場所	後ろ足の肉球の後方のくぼみにはじまり、後ろ足の内側を上行。中央のラインをはさみ、腹部、胸部へと至る。
主な効能	元気を蓄え、水分の代謝や呼吸の調節をする。腎臓や心臓、呼吸器の病気のほか、後肢のマヒ、腰痛などにも。
マッサージのポイント	後ろ足の肉球後方のくぼみをやさしく指圧。内股から腹部、胸部にかけては指先2～3本でなでるように。

心包経

＊前肢厥陰心包経

場所	胸中で起こり、胸の脇の下から出て、前足の内側中央を通り、第３指に終わる。
主な効能	五臓の中心である心を守る。呼吸器疾患、心臓病などに。
マッサージのポイント	ヒザの上に座らせ、後ろから両手で前足を包み込むようにマッサージ。敏感に反応する場所は指先で軽く触れる程度に。

三焦経

＊前肢少陽三焦経

場所	前足の第４指の内側から前足の後側を上行。首のつけ根から側頭部を上がり、耳の後ろを通って目に至る。
主な効能	マヒ、斜頚、耳の疾患、目の疾患、口内炎などに。
マッサージのポイント	目や耳のまわりを親指を使ってゆっくりと皮膚をのばすようにマッサージする。

胆経

＊後肢少陽胆経

場所	目尻に起こり、耳の後ろを通って、肩から体の側面、後ろ足の外側中央を通って第４指に至る。
主な効能	胆汁を貯蔵し、決断力の源となる肝と相互に働く。目や耳、肝臓の疾患のほか、腰痛などに。
マッサージのポイント	頭部は親指を使い、首から肩にかけてはなでるように。後ろ足は包みこむようにやさしく上から下へ握っていく。

肝経

＊後肢厥陰肝経

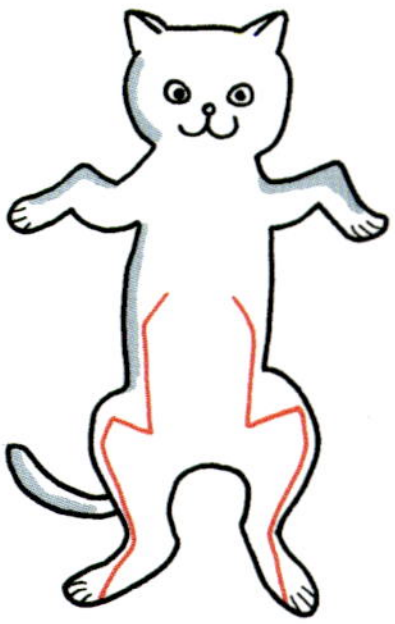

場所	後ろ足第２指に起こり、後ろ足内側中央を上行し下腹部、胸部まで。
主な効能	気血の流れをよくし、血を蓄える。筋や髄に栄養を与える。目や肝、消化器の疾患などに。
マッサージのポイント	ネコがリラックスしてお腹を見せてくれたら、なでるようにやさしくマッサージ。

ネコとアロマテラピー

消臭や虫よけに！ネコにも使えるアロマテラピー

ネコにもアロマテラピーを応用できますが
使わないほうがよい種類の精油もあります。
上手に使って、快適な共同生活を！

精油を薄めて使う

ネコのためのアロマテラピーはスプレーやグッズがおすすめ

植物から抽出した精油を使った香りの療法、アロマテラピーはネコにも利用することができます。

ただし、ネコが直接なめたりすると中毒症状を起こす植物の精油もあるため、使用には注意が必要です。また、ネコは毛づくろいを通して体についたものが口に入るので、中毒を起こさない種類の精油であっても原液のまま使うことは避けましょう。精油を希釈して作るスプレーなどの利用がおすすめです。

逆にネコが嫌う柑橘系の香りは、ネコを入らせたくないキッチンなどに使っても可。使用の際は、ネコがなめる危険のない場所で、必ず薄めて使うようにします。

ネコが好む香りを選ぶことが大切。

ネコにおすすめの精油

ネコによって香りの好き嫌いがあるので、ネコが嫌がるときは使用をやめましょう。

＊抗菌・消臭効果

ユーカリ、ラベンダー、ペパーミント、サイプレス、ローズウッド、フランキンセンス、サンダルウッド、シダーウッド、ジュニパーなど

＊虫よけ効果

ユーカリ、ゼラニウム、ペパーミントなど

＊ストレスをやわらげる

ラベンダー、ローマンカモミール、ローズなど

＊荒々しい性質を抑える

カモミール、イランイラン、サンダルウッドなど

ネコには

使わないほうがよい精油

柑橘系の精油はネコが中毒を起こす可能性があるので要注意。

＊オレンジ、レモン、ライム、グレープフルーツ、ベルガモットなどの柑橘系

＊ティーツリー、クローブ、シナモン、タイム、ペニーロイヤル、ヒソップなど

取材協力／ジアスセラピストスクール 西村早苗

アロマスプレー

用意するもの

＊精製水または天然水 100ml

＊精油 10 滴

＊スプレーボトル

作り方

①精製水または天然水をスプレーボトルに入れる。

②好みの精油を選び、10 滴加えて混ぜる。

使い方

＊抗菌消臭効果のあるアロマスプレーは、ネコのトイレ周辺にスプレーするとよい。

＊虫よけ効果のあるアロマスプレーは、玄関や網戸など蚊が侵入してくるところへスプレー。

＊リラックス効果のあるアロマスプレーは、部屋にスプレーして香らせるとよい。

虫よけ首輪

用意するもの

＊首輪にまく布

＊虫よけ効果のあるアロマスプレー

作り方

①ゼラニウム、ユーカリなど、虫よけ効果のある精油でアロマスプレーを作る。

②布にアロマスプレーをかけ、首輪に巻きつけて使う。

芳香浴

用意するもの

＊アロマポッド（電気式）

＊精油（4～5 滴）

使い方

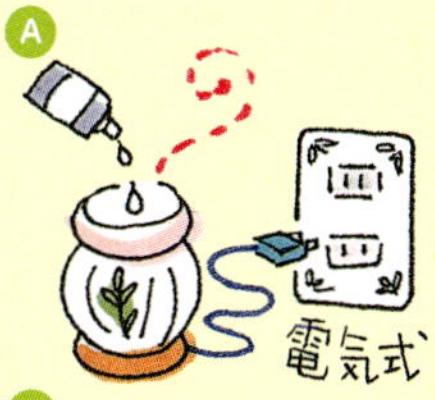

Ⓐ 火を使うキャンドル式は避け、電気式のアロマポッドをネコがいたずらしない場所にセットし、数滴の精油をかけて香らせる。時間は 1 回 30 分以内。リラックスできるラベンダー、カモミールなどがおすすめ。

Ⓑ ポッドがなければ、マグカップに湯を入れて精油を数滴たらすだけでも OK。

ブラッシングとシャンプー

ブラッシングとシャンプーでつやぴかにゃんこ

ブラッシングやシャンプーは
清潔と健康を保つ大切なお手入れ。
ブラッシングはスキンシップにも効果的。

定期的なブラッシングで健康管理！

つやつや＆ふさふさ！毎日のブラッシングで健康に

ネコは毛づくろいをしますが、自分では届かない場所もあり、飼い主さんによるブラッシングが必要です。とくに老ネコは毛づくろいが行き届かなくなりがちなので、飼い主さんのサポートが大切。

春や秋の換毛期は大量の毛が抜けるのでこまめなブラッシングが欠かせません。定期的なブラッシングは、健康増進や健康チェックにも効果的。とくに長毛種は、毎日ブラッシングしないとすぐに毛玉ができてしまいます。ブラッシングは、子ネコのころからはじめるとよいでしょう。

ブラッシングの効果

健康によい

皮膚に適度な刺激を与え、換毛を促進し、毛づやもよくなる。

毛球症の予防

毛づくろいで飲み込む毛を減らすことができる。

病気の早期発見

定期的に体に触れることで、しこりや腫瘍などを早めに発見できる。

抜け毛対策

ネコの抜け毛で部屋が汚れるのを防ぐ。

スキンシップ

飼い主さんとの信頼関係を築く。

*ブラッシングのグッズ

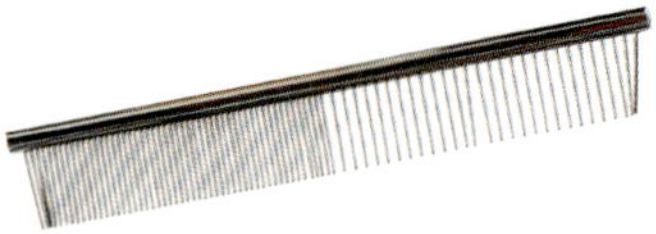

コーム

長毛種の毛のもつれをほぐしたり、ブラッシングの仕上げに利用。細かい部分をとかすのにも向く。

スリッカーブラシ

抜け毛がとりやすく、短毛種、長毛種ともに全体のブラッシングに便利。

ブラッシングスプレー

ブラッシングのときの静電気を防ぎ、毛づやをよくする。

短毛種のブラッシング

短毛種は週１回以上のブラッシングがおすすめ。換毛期は週２～３回が目安。
首輪ははずしておきます。

❶ リラックス

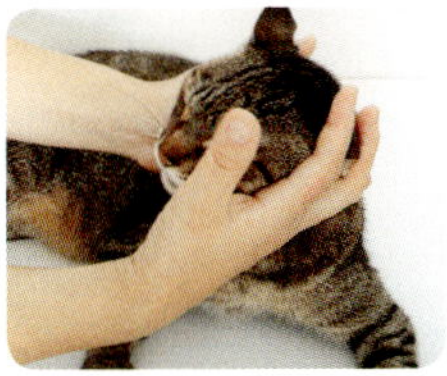

ブラッシングをする前に、顔や全身をなでてリラックスさせる。

❷ ノド

スリッカーブラシを使い、自分で毛づくろいできないノドからブラッシング。

❸ 首のまわり

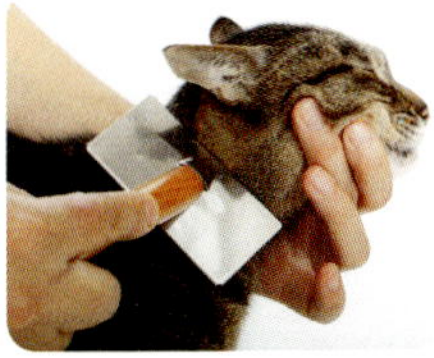

首輪をしているコは、その部分を念入りにブラッシングする。

❹ 胸

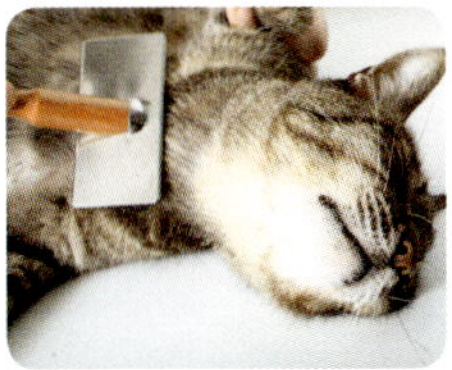

アゴから胸までとかす。ヒゲがピンとたっているのは気持ちがよい証拠。

❺ 顔まわり

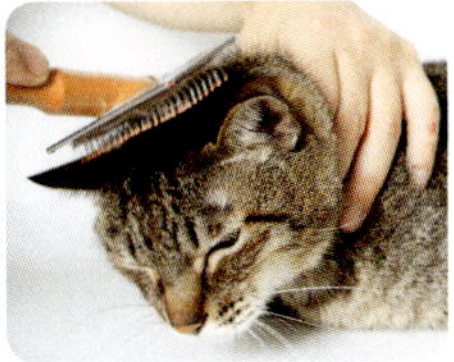

おでこや頭、頬をブラッシング。

❻ 背中

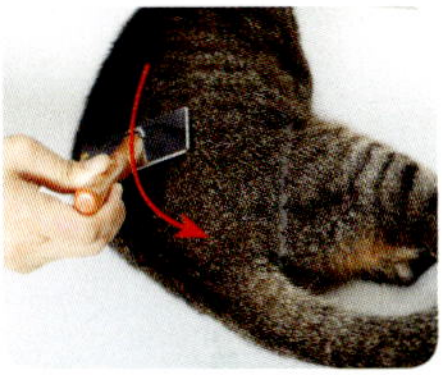

頭からお尻に向かって、背中を毛の流れにそってとかす。

❼ おなか

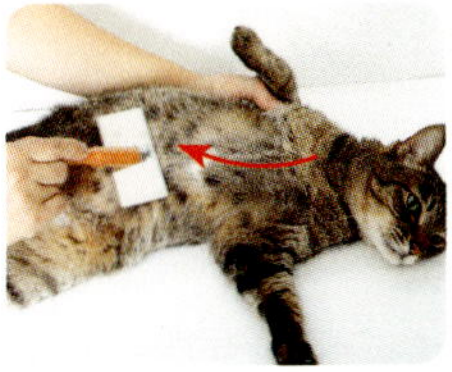

ネコを仰向けにして、おなかをとかす。

❽ 足

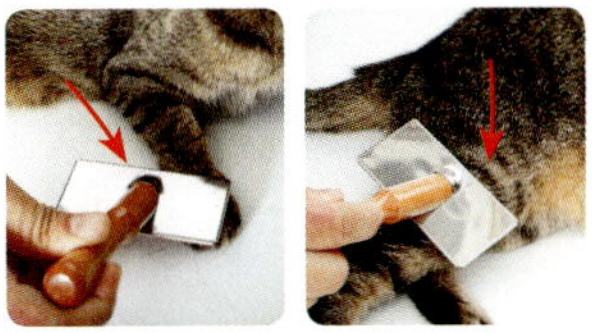

前足・後ろ足とも、つけ根から足先に向けてとかす。

❾ シッポ

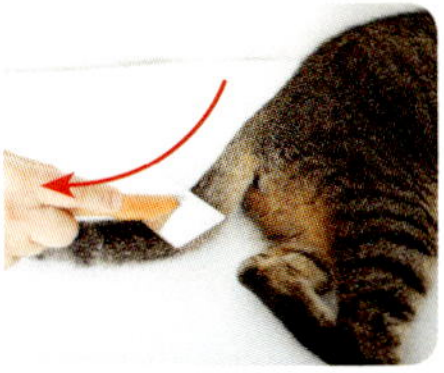

シッポをつけ根から先端にとかして終了。

長毛種のブラッシング

長毛種は毛玉ができやすいので、毎日ブラッシングするのが基本。
毛玉ができやすい部分は念入りに。ひとりでできないときは人におさえてもらいましょう。

❶ リラックス

まず、なでてリラックスさせる。

❷ 頭

コームで頭からとかす。

❸ 背中

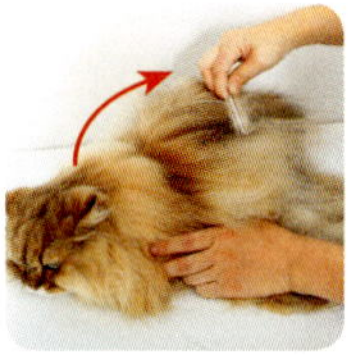

背中からお尻へ毛の流れにそって。

❹ おなか

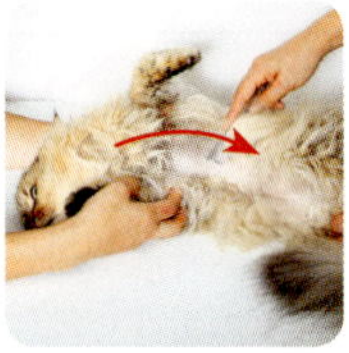

毛の流れにそっておなかをとかす。

❺ シッポ

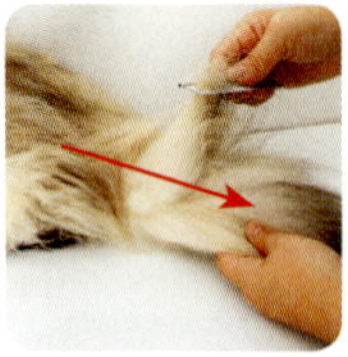

シッポは、つけ根から先端へ。

❻ お尻まわり

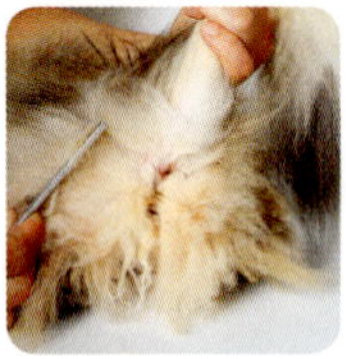

シッポを持ち上げてお尻のまわりをとかす。

❼ アゴ・胸

アゴをおさえてノドから胸をとかす。

❽ 前足

前足をつけ根から足先へとかす。

❾ 後ろ足

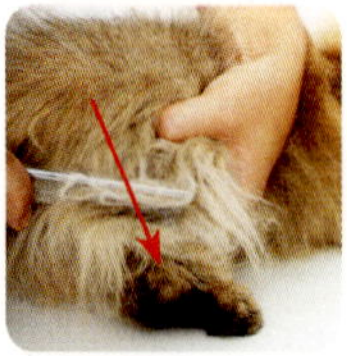

後ろ足もつけ根、足先の順にとかす。

❿ ワキの下

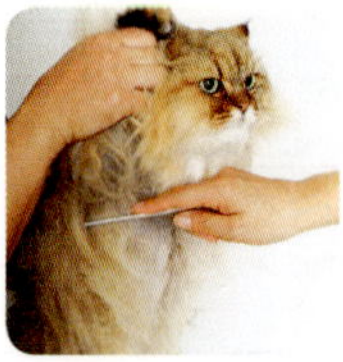

立たせてワキの下をていねいにとかす。

⓫ 顔まわり

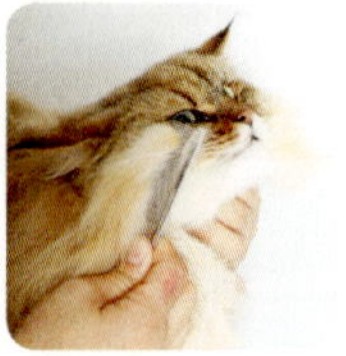

おでこや顔まわりを整える。

⓬ スリッカーで仕上げ

最後に全体をスリッカーブラシでとかして終了。

毛玉ができやすいところ

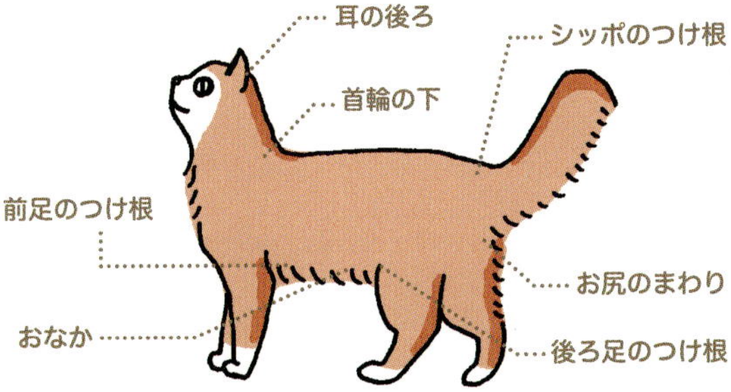

耳の後ろ
シッポのつけ根
首輪の下
前足のつけ根
お尻のまわり
おなか
後ろ足のつけ根

毛玉があるときは

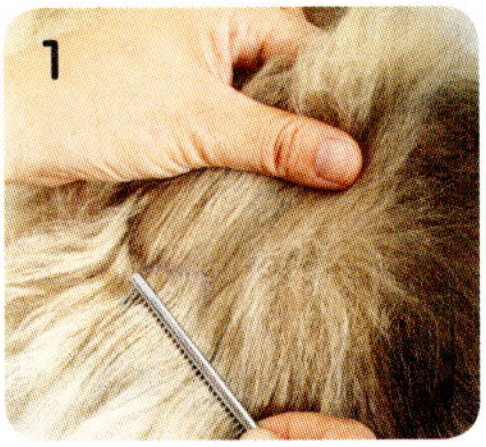

1

毛がからまっているときは、根元にコームを入れて少しずつほぐす。

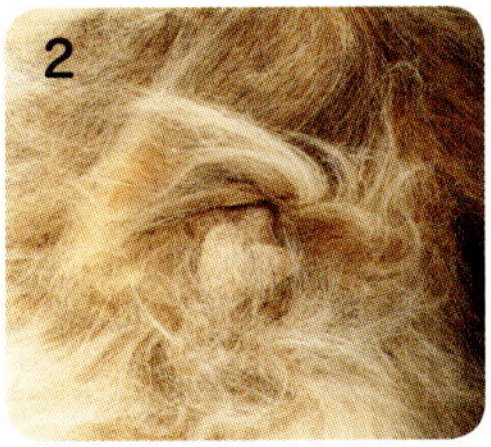

2

毛玉が固まってフェルト化していると、ほぐすのは難しい。

3

皮膚を切らないように気をつけて、毛玉のできている毛の根元を切る。

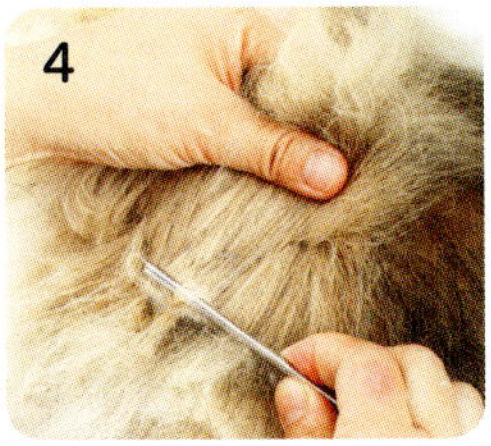

4

皮膚をおさえながら、切れ目を入れたあたりからコームでほぐす。

＊足裏の手入れ

長毛種は肉球の間に毛がのびていると滑りやすいため、余分な長い部分は、バリカンやはさみでカットする。

cut!!

ブラッシング大好き!?
金太はブラッシングが大好き♡
キラーン
うにゃ
たたた
短毛だけど毛が多いにゃ
スリッカーブラシを見ると「うにゃ」といってとんでくる
でも しばらくブラッシングすると興奮してきてかんだりひっかいたり
ガブッ
キック
キック
イター
キック
あげく ネコキックで終了
フクはブラッシングが嫌い 見ると逃げる
…
長毛なんだから毎日するのよー
でも つかまえておなかをブラッシングすると
まんざらでもないにゃ
とれた毛でボールをつくるとけっこう遊ぶ
ニオイをかがすとふしぎな顔をするよ

シャンプーは手早く行う

ネコの汚れが目立つときは シャンプーで皮膚と被毛を清潔に！

　ネコは濡れるのが嫌いなので、シャンプーも苦手なコが多いものです。定期的なブラッシングを行っていれば、シャンプーは必ずしも必要ではありません。しかし、皮脂の分泌が多くべたつきやすいコや、被毛の汚れが目立つ長毛種などは、シャンプーが必要。子ネコのときからならしておくとよいでしょう。

　リンスはしなくてもＯＫですが、長毛種には使ってもよいでしょう。

シャンプーのポイント

- □ 爪切りをしておく
- □ ぬるめのお湯で洗う
- □ すすぎ残しは皮膚トラブルのもと！
- □ 完全に乾燥させる

シャンプーできないときは

　シャンプーが大嫌いなネコをキレイにしたいときは、暖かいタオルでふいてあげるのがおすすめです。また、ネコの体調がすぐれず、お尻のまわりが汚れてしまったときなども、やさしくホットタオルでふいてあげましょう。

＊シャンプーのグッズ

シャンプーの手順

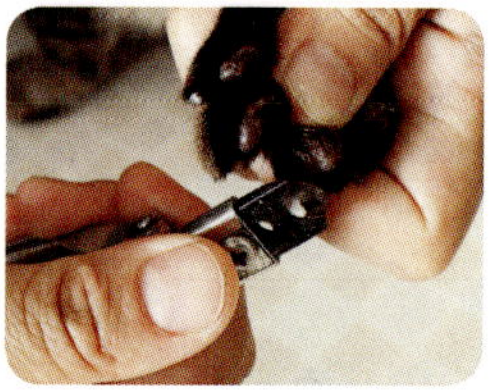

❶ 爪切り

引っかかれないように切っておく。

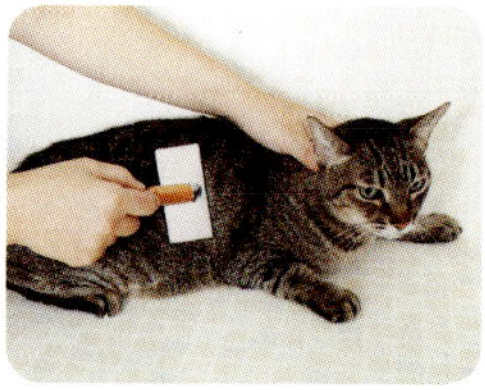

❷ ブラッシング

抜け毛や汚れを落としておく。

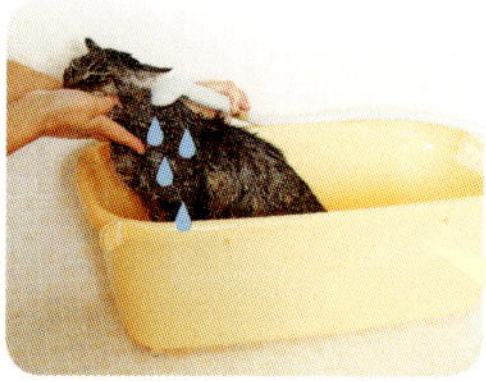

❸ 全身を濡らす

タライなどに入れ、ぬるま湯で全身をぬらす。

シャワーが嫌いなコは

＊

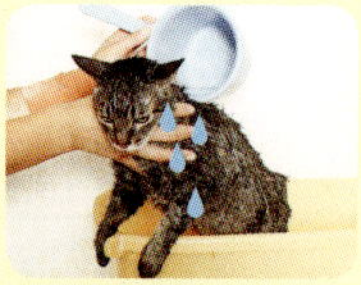

手桶などでお湯をかけてもＯＫ。

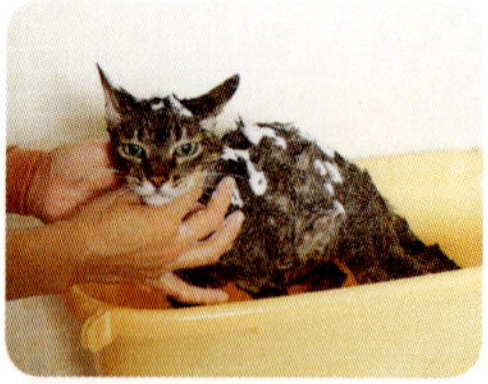

❹ シャンプーをつける

シャンプーを別の容器で泡立て、全身に泡をつける。

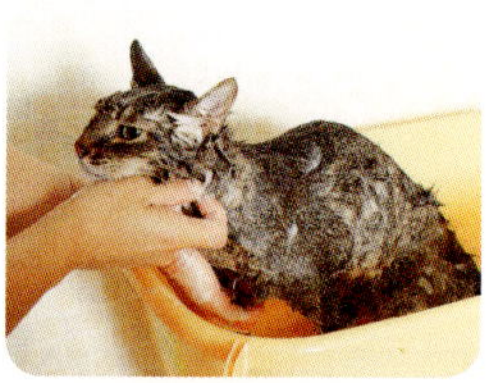

❺ 首・胸を洗う

手で泡を広げて洗う。

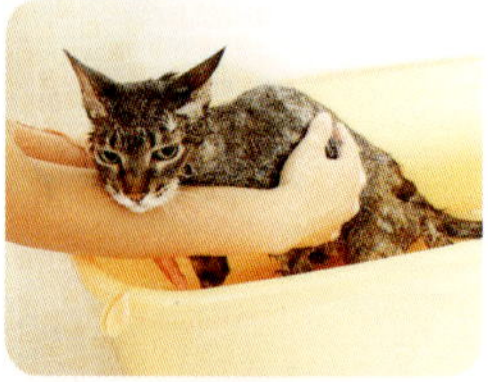

❻ 背中・脇腹を洗う

背中・脇腹を洗う

❼ おなかを洗う

おなか側も忘れずに、きちんと洗う。

⑧ 足を洗う

前足、後ろ足はつけ根から足先へ洗う。

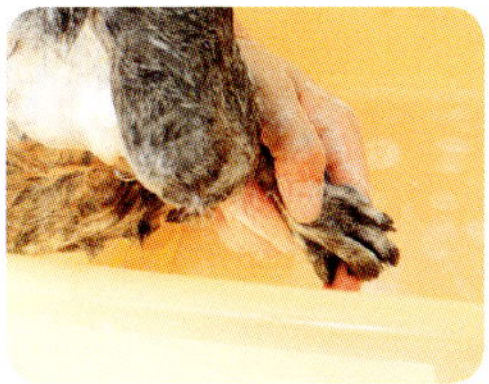

⑨ 足先を洗う

足先は手で軽く握り、指を開くようにしてていねいに。

肛門腺をしぼる

ネコの肛門腺の中には、肛門膿がたまっていることがあります。シャンプーのときに肛門腺の出口の白くなっているところを、手で押して出しましょう。

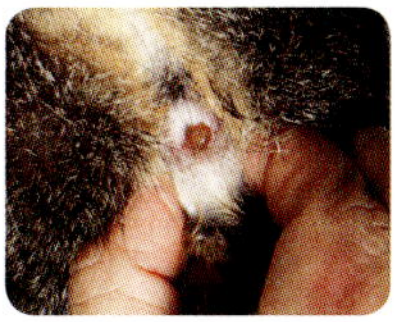

肛門を中心として
時計でいうと
8時20分の
あたりにある

⑩ お尻・シッポを洗う

お尻まわりやシッポを洗う。

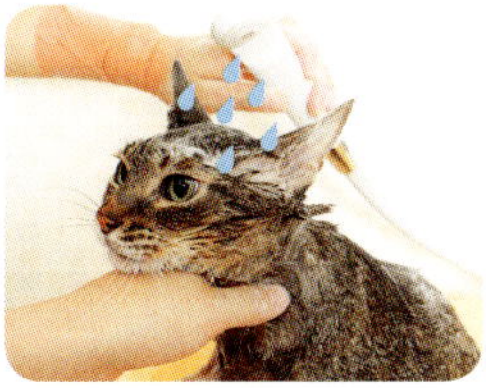

⑪ 全身をすすぐ

弱い水流のぬるま湯で全身をよくすすぐ。

⑫ 水をしぼる

水をしぼるように全身をなでる。

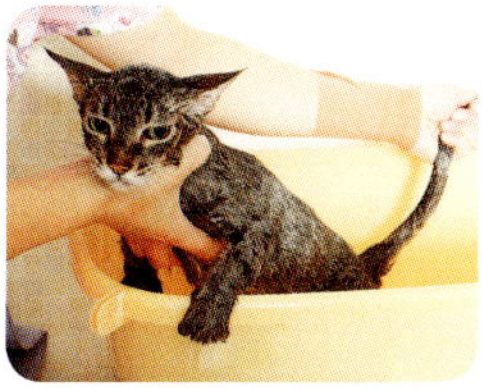

⑬ シッポをしぼる

シッポも手で軽く握って水気をしぼる。

⑭ タオルでふく

タオルですっぽり覆い、よくふく。

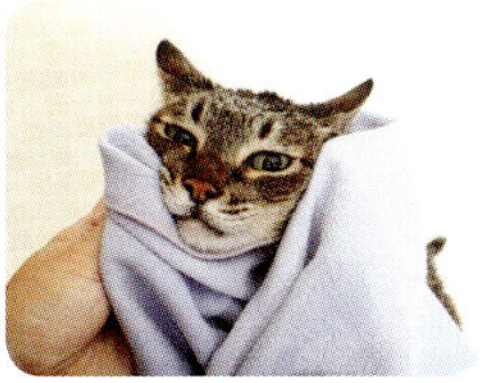

⑮ 顔まわりをふく

顔まわりはタオルできれいにふいてあげよう。

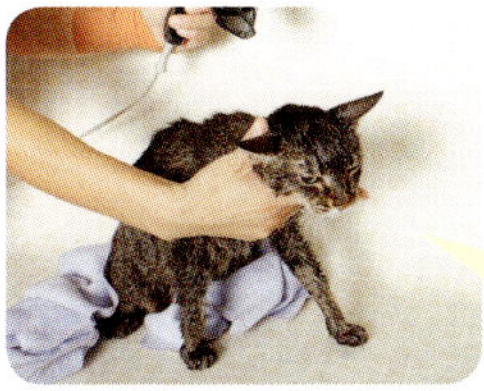

⑯ 乾かす

ドライヤーを離してあて、地肌から完全に乾かす。

ふたりでやるとスムーズ

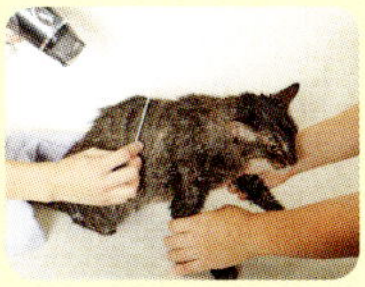

ドライヤー係とコームでとかしながら乾かす係に分かれるとよい。

できあがり

ふぅ～

体の各部のお手入れ

爪切りや顔まわりをきれいに保つことは飼い主さんの仕事！

体のお手入れはネコが嫌がるものもあります。子ネコのころからなれさせるのが理想ですが、おとなになってからでも少しずつトライ！

健康チェックもかねてお手入れする

定期的なお手入れできれいなにゃんこ

体のお手入れは、清潔に保つだけでなく全身の健康チェックもかねて行います。目や耳、鼻は汚れているときのみお手入れすればＯＫですが、頻繁に汚れるときは、病気の可能性があります。爪切りは、どのネコにも必要なお手入れなので、家でできるように練習しておくのがおすすめです。歯みがきは難しいですが、子ネコの頃からならすのがポイント。

耳そうじ

耳の中は汚れているときのみお手入れを。奥が汚れている場合は外耳炎の疑いがあります。

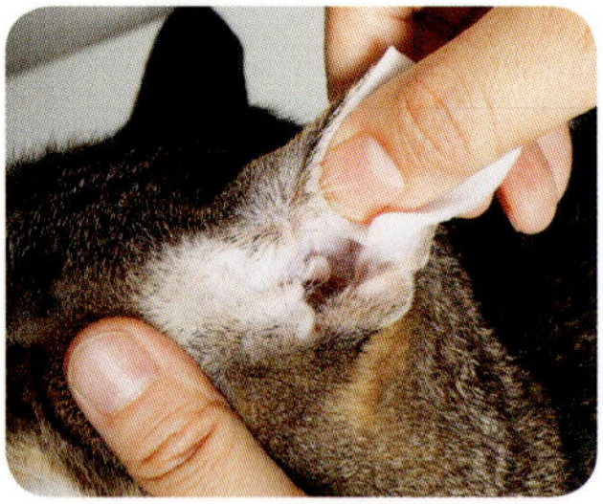

コットンにぬるま湯かイヤークリーナーを含ませ、見える範囲だけふく。奥まで入れないこと。

目のそうじ

目ヤニはこまめにチェックしてお手入れを。目ヤニや涙が多いときは早めに病院へ。

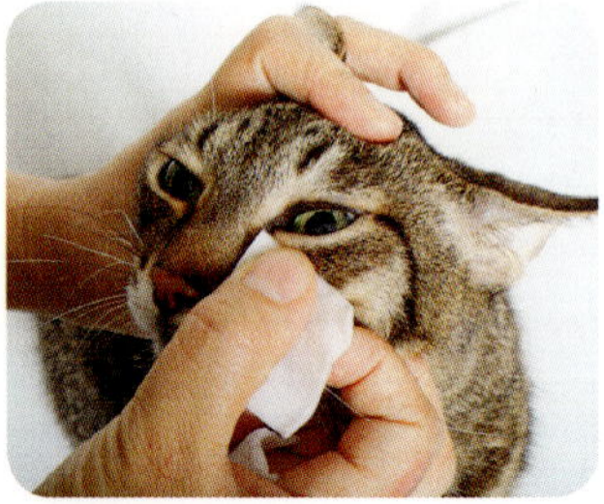

目ヤニがついているときは、ぬるま湯で湿らせたコットンで目頭をふく。

鼻の手入れ

鼻の様子がおかしいときは早めに病院へ。家では、鼻水をふくなどしてお手入れします。

鼻くそがついたり、固まっているときは、ぬらしたコットンでほぐしてふく。

鼻炎のときなどは、ティッシュをこよりにして鼻を刺激。クシャミと一緒にたまった鼻水が出る。

爪切り

爪切りは、爪とぎによる部屋の被害を最小限にし、人が引っかかれたときの傷を防ぎます。また、ネコ自身が爪を布などに引っかけたり、のびすぎた爪が肉球に刺さるのも予防。前足は月２回、後ろ足は月１回が目安。

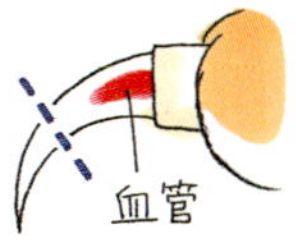

血管に注意し、先端部分を切る。

1.

足先を握り、爪の生え際を押して爪を出す。

2.

爪切りに先端を通し、先端を切る。

3.

切ったところ。

＊爪切りグッズ

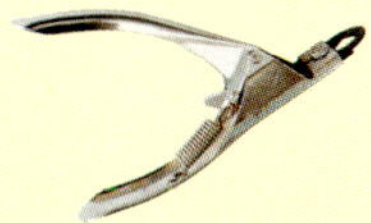

ギロチン型爪切り

動く刃が上になるように持ち、爪を穴に入れて切る。人用の爪切りを使ってもＯＫ。

止血剤

深爪で出血したときは、止血剤の粉を切り口に押しあてて止血。小麦粉で代用してもＯＫ。

爪切りの体勢

あおむけ抱っこ

上から切る

暴れるときは

タオルで包む

洗濯ネットに入れて爪だけ出す

歯みがき

歯石や歯周病はネコにとても多いものです。悪化すると歯が抜けたり、ゴハンを食べられなくなることも。予防のためには歯みがきが必須。歯ブラシ、ガーゼ、歯みがき液など、いろいろな方法があるので動物病院で相談を！

ガーゼなどで歯をみがく

ネコ用歯ブラシでみがく

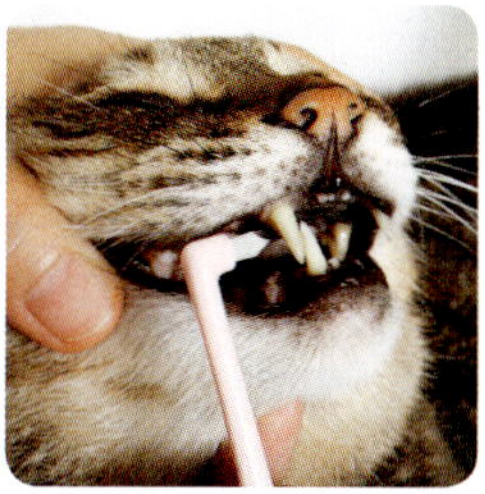

＊歯みがきグッズ

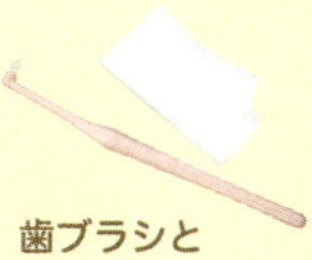

歯ブラシとガーゼ

歯みがき液

歯みがきコットンシートとジェル

マウスクリーナー

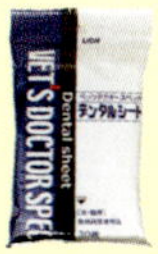

デンタルシート

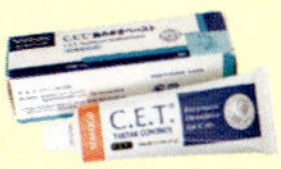

歯みがきペースト

デンタルガム

応急処置

こんなときはどうしたらいい？ネコの応急処置

ネコが思わぬことでケガをしたり、事故にあったりしたときにできる応急処置は？すぐにできる処置をしたら動物病院へ！

とっさの対応

ケガやトラブルがあったとき家でできる応急処置をマスター

ネコがケガをしたり､緊急を要する症状の場合は、動物病院に連れていく前にできるかぎりの応急処置をしておきたいものです。

室内飼いであっても、熱中症になったり、ヤケドをしたりと思わぬ事故が起こることがあります。緊急の場合は、電話などで獣医さんの指示をあおぐのが基本。飼い主さんはあわてずに処置をしてから、動物病院へ連れていきましょう。

ネコ用救急セットを作っておくのがおすすめ。

ネコ用救急セット

すぐ取り出せるところに、救急セットを用意しておくと安心。お手入れグッズも一緒にまとめておくとよいでしょう。

ガーゼ・脱脂綿	日々の手入れや傷口などに
包帯・バンソウコウ	切り傷やケガに
綿棒	薬をつけるときなどに
スポイトやシリンジ	飲水や液体薬の投薬に
精製水	患部を洗う、ガーゼをぬらすなど
タオル・バスタオル	ふく、ネコの全身をくるむなど
ペットシーツ	緊急時のそそうなどに
エリザベスカラー	傷口をなめないように
ハサミ	包帯や毛を切るなど
ピンセット、毛抜き	トゲ抜きなどに
爪切り・止血剤	日々のお手入れに
カイロ、氷嚢	体を緊急に温める､冷やす必要があるときに
イヤークリーナー	耳そうじに
体温計	健康チェックに

出血

おさえて止血する

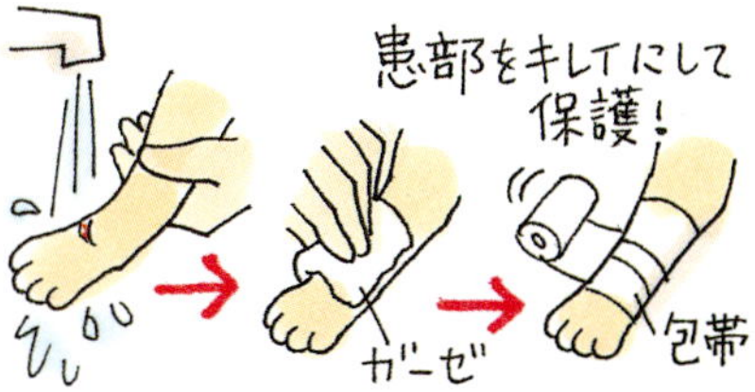

血が出ているときは、まず傷口を確認。出血が少ないときは流水で洗うなどして、ガーゼと包帯で保護します。出血が止まっていなければ、きれいにした後で乾いたガーゼなどをあてて手で圧迫して止血。血が止まらないときは、おさえた状態で動物病院へ。ひどい出血は、傷口より少し心臓寄りの部分を圧迫するとよいでしょう。

熱中症

ぬらしたタオルで体を冷やす

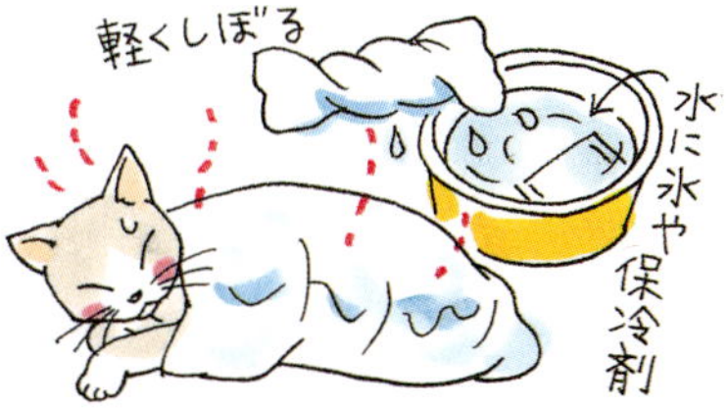

真夏の締め切った部屋は高温になるため、ひとりで留守番しているネコなどに熱中症が多発。夏の車内やキャリーバッグの中も同様です。口を開けて苦しげに息をしたり、意識が朦朧としていたら要注意。すぐに涼しい場所に移し、水でぬらしたタオルで体を冷やし、水や脱水用ドリンクを飲ませます。重症の場合は、冷やしながら病院へ。

引っかき傷

傷口は汚れを落としてきれいに

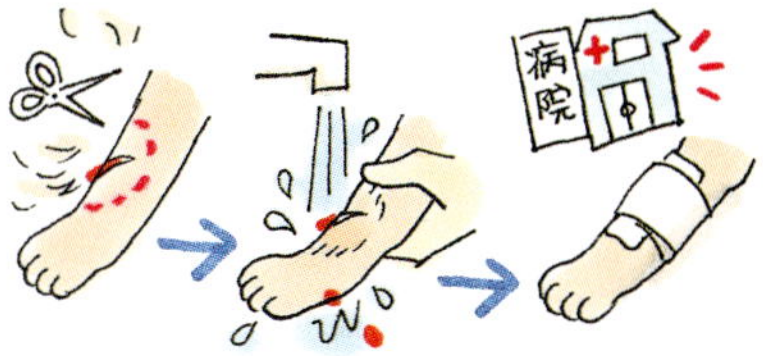

ネコ同士のケンカなどで、引っかき傷やかみ傷ができることがあります。複数飼いや脱走したときは、ケンカになることもあるので注意。傷口の周辺は、毛が触れて化膿するのを防ぐため、ハサミなどで毛を刈って汚れなどを落とします。水か消毒液を含ませたガーゼや脱脂綿などで患部をきれいにし、ガーゼと包帯で保護して病院へ。

目がおかしい

こすらないように エリザベスカラーをつける

目が充血している、涙を流している、目をつぶっているときなどは、異物が入っているかもしれないので水で目を洗います。できなければ無理せず、病院で処置してもらいましょう。ネコが目をこするのを防ぐために、エリザベスカラーをつけておくと安心。目から出血しているときは、ガーゼなどでおさえて止血してから病院へ行きます。

ヤケド

冷却剤などで冷やし病院へ

熱湯をかぶるなどのヤケドは、すぐに水でぬらしたタオルやタオルで包んだ冷却材、氷嚢などをあてて冷やすこと。冷やしながら病院へ行きますが、冷やしすぎにも注意。できれば体温を測り、38度以下にならないように。ネコがパニックになっているときは、ぬらしたバスタオルで暴れないように包んで冷やすとよいでしょう。

骨折

患部を固定することが重要

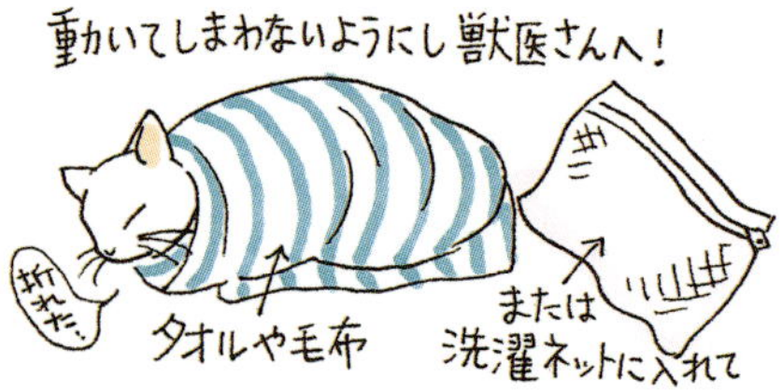

足をひきずったり、歩けないとき、さわると痛がるときは、骨折していることがあります。

患部に触れると血管や神経を傷つけることがあるので、振動を与えないよう注意しながら、そえ木などをあてて固定。足なら割り箸などでもＯＫ。下半身がだらりとしていたり、動けない場合は板状のものに乗せ、固定して病院へ。

呼吸停止

口をおさえて鼻に人工呼吸

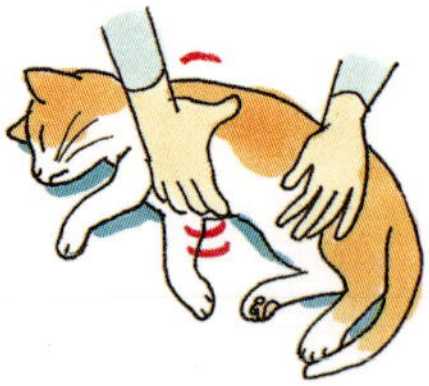

鼻の前に手を出し、息がなければ呼吸停止の状態なので、ネコを横向きに寝かせて人工呼吸をします。口を手でおさえながら、鼻の穴から３秒間息を吹きこみます。何度か繰り返し、呼吸が戻るのを待ちます。心臓も停止しているときはあおむけに寝かせ、両脇から両手で心臓をはさむように、1分間に30回圧迫。人工呼吸と交互に行うこと。

感電

コンセントを抜いてから手あてする

ネコが電気コードやコンセントにじゃれて、感電することがあります。ネコにさわると人も感電するので、先に必ずコンセントを抜いて下さい。ネコの呼吸や心臓を確かめ、停止しているようなら人工呼吸や心臓マッサージを行います。呼吸や脈が早い場合は、ネコを寝かせて口を開け、舌をひっぱり気道を確保。処置後はすぐに病院へ。

誤飲　異物を取り出す

異物を飲みこみ呼吸困難になっているときは、すぐに取り出すことが大事。片手で口を開けさせておさえ、片手で口に指を入れるかピンセットで異物を取り出します。取れないときは後ろ足を持って逆さにつるして振り、吐き出させます。ただし、糸やヒモ状のものは、ひっぱると食道や胃を傷めるのでそのまま病院へ連れて行きます。

おぼれた　飲んだ水を吐かせる

お風呂のフタに乗って湯船に落ちるなどすると、ネコはパニックになります。肺に水が入ると危ないので、すぐに水から引き上げて。水を飲んでいるようなら、頭を下にするように後ろ足を持って逆さにし、体をゆすり水を吐き出させます。息をしていなければ人工呼吸を。

けいれん　広い場所に寝かせる

ネコがけいれんしたら、ケガをしないようにまわりのものをどかし、毛布などで包んでおさまるのを待ちます。通常はすぐおさまるので、落ち着いてから動物病院へ。まれに数分以上けいれんが続くときは、緊急を要するので、すぐに病院へ。脳腫瘍、肝臓病などの恐れもあります。

落下・交通事故　ケガの処置をして病院へ

出血やケガがあるときは処置をし、すぐに病院へ。口中に吐瀉物があればきれいにし、板などに乗せるかキャリーケースに入れ、動かさないように連れて行くこと。見た目は大丈夫でも内臓出血などの可能性もあります。２～３日は注意し、食欲不振や元気がないなどの症状があればすぐ病院へ。

熱中症に注意！
室内飼いのネコたちには
逃げ場がない
夏場の外出時など
エアコンなしだと
死んでしまうことも
室内40℃以上
エアコンかけて…
ケガしてた……!!
イクラがある日うっかり
外に出てしまった…！
無事に帰って
ひと安心したものの
数日たつと
足を引きずっている…。
病院に連れていくと
ケガをしていて
中はたくさんの
膿…!!
毛でケガが
見えなかったー。
きれいに治して
もらったけど
そこをなめる
クセがついてしまい
そこはいつもハゲている。
ペロペロ
安心だよ
家ネコでも
うっかり外に
いかないとも
限らない
ワクチンは必ず！

病気のネコは愛情をもって看病しよう

ネコが病気になったときは獣医の指示に従い投薬や食餌療法などをします。確実に薬を飲ませられるように工夫しましょう。

薬を飲ませる
療法食を与えたり投薬をして見守る

動物病院で療法食を食べさせるように指示されたら、普段のフードから切り替えます。薬を処方されたら、ゴハンの回数は１日２回がベストでしょう。粉や液体の薬は、ウェットフードに混ぜたり、飲み水に入れるほか、投薬補助食品を使ってもＯＫ。

ネコは体調が悪いと隠れてしまうこともあります。無理にさわったりしないこと。甘えてくるときは、やさしくなでたりマッサージ（Ｐ128）をしましょう。

体温を測る

シッポを片手でおさえ、ぬらした体温計をお尻の穴へ入れる。ネコの平熱は38～39度。

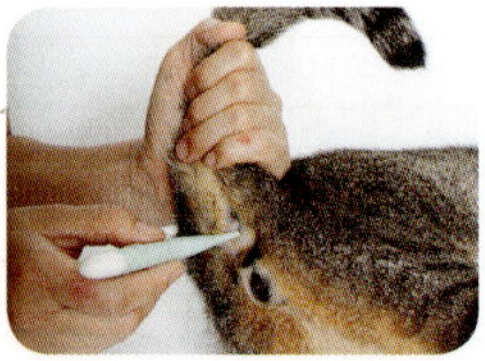

心拍数を測る

ネコを寝かせた状態で、胸に手をあてる。通常は120～180／分。元気なときから測っておくとよい。

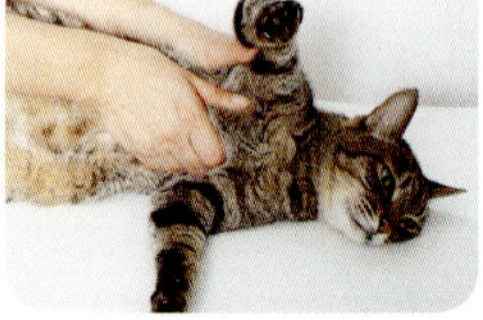

錠剤を飲ませる

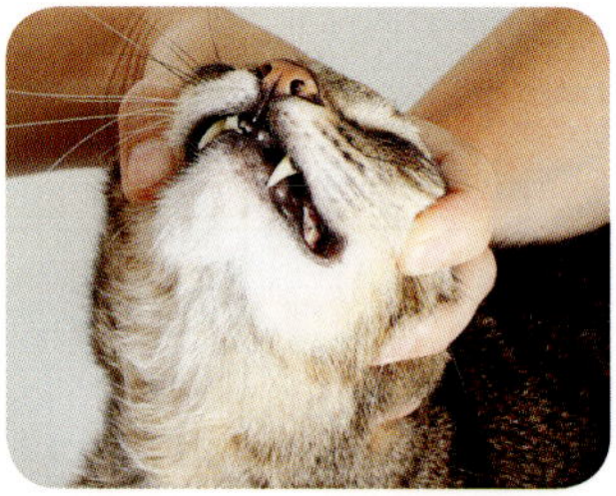

1.

ひとりが後ろからおさえ、もうひとりが顔をおさえて上に向けさせる。

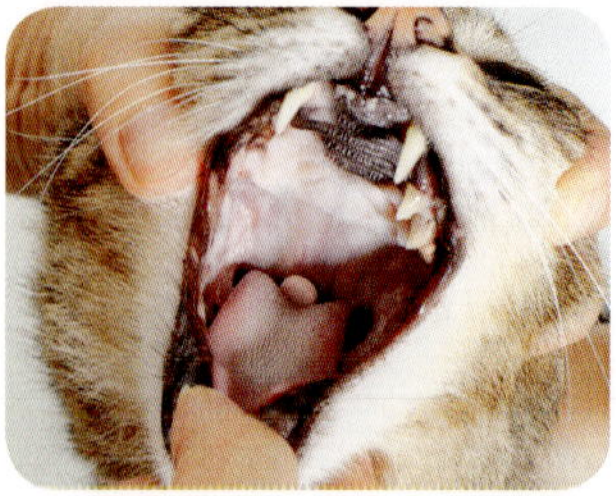

2.

口を大きく開け、奥に落とすように錠剤を入れる。舌にのせると出してしまうのでダメ。

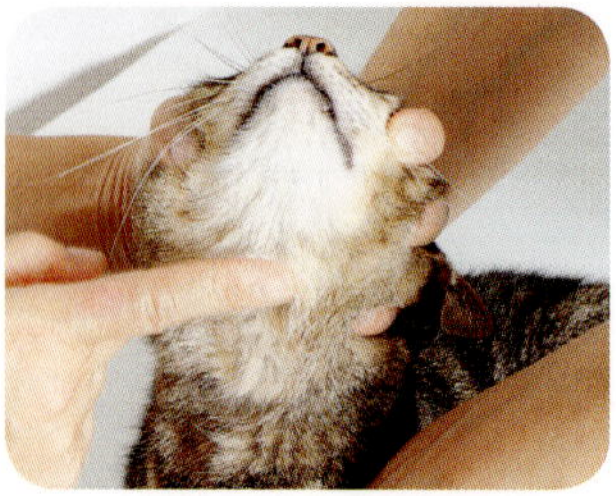

3.

上を向けたまま口を閉じ、のどが「ごっくん」と動くのを確認したらＯＫ。

粉薬を飲ませる

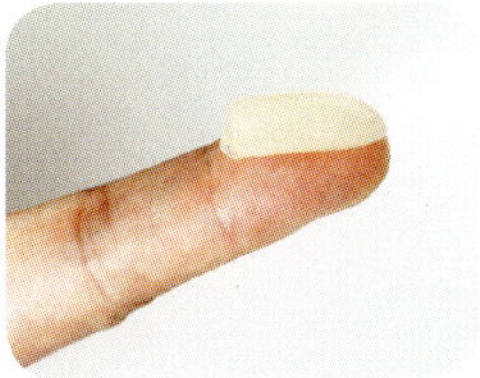

1.

投薬補助食品やはちみつなどでペースト状にすると飲ませやすい。

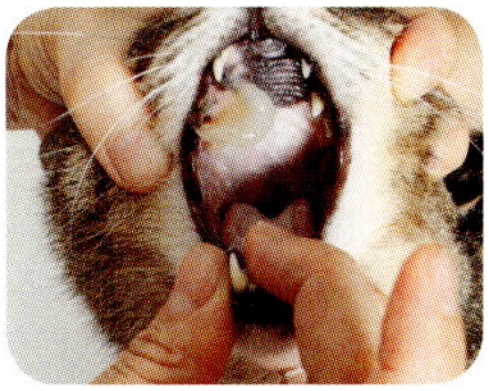

2.

ペースト状にした薬を上あごの内側に塗りつけると自然になめる。

＊投薬補助商品

Chien Méchant
おくすり
ちょーだい

お薬ヤダなー

液状の薬を飲ませる

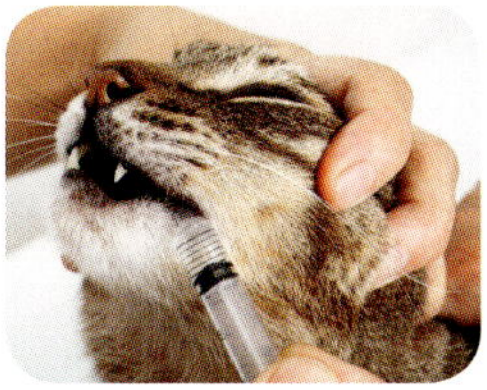

1.

顔を上に向け、口の端からスポイトで流し入れる。

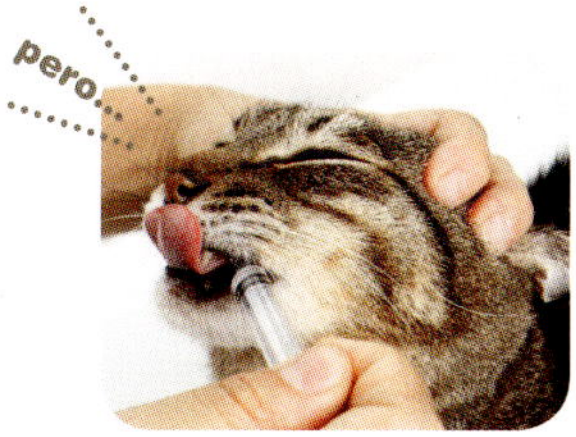

pero

2.

ペロペロしていたら、きちんと飲めている。

目薬をさす

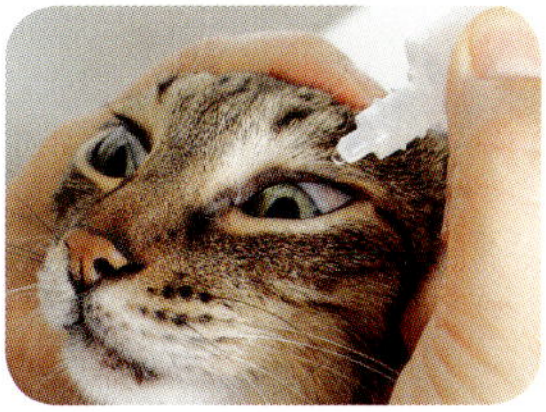

顔をおさえ、目尻のほうからさす。目薬が見えないように横からさすのがコツ。

薬がダメなコ　平気なコ
さららは薬が大嫌い
おいしいゴハン
ゴハンに混ぜても絶対食べず
おなかすいてるけど食べない…
シリンジでノドの奥に入れても吐いてしまう
ゲッ
ゲッ
脱水が心配なので薬はやめることに
金太は単純…
ぱく
ごっくん
ぽーんとノドの奥に入れてノドをナデナデでかんたんにゴックン！
目がおかしい
フクは目がへんなことが多い
手をなめて目をよくいじっているから？？
目薬をもらってさすとよくなる
慢性の病気や内臓の機能低下など
…
病院に度々いくのはネコにはストレス
自宅で点滴させてくれる獣医さんもあるので相談してみよう

ネコの病気

代表的な病気の症状や治療法、予防法を知っておく

病気の症状や原因を知っておき、
早めの診察を心がけましょう。
ネコに多い病気を紹介します。

目と耳の病気

結膜炎・角膜炎

原因と症状＊目に異物が入るなど違和感があるとネコが気にして前足で目をさわり、結膜が腫れてしまう。まぶたや目のまわりが発赤、腫脹し、悪化すると眼が開かなくなり、目ヤニや涙で汚れる。角膜に深い傷がつくと失明の可能性もあるので要注意。ヘルペスやカリシウイルス、細菌やシャンプー剤などが原因になる場合もある。
治療と予防＊爪を短く切り、エリザベスカラーをつけて眼を保護。抗生剤や点眼薬などで治療。

網膜変性症

原因と症状＊原因は、遺伝的要因、ネコの必須アミノ酸であるタウリン不足、ほかの目の病気など。目の奥にある網膜が変性し、視力に障害が出る。遺伝が原因の**進行性網膜萎縮症**は、子ネコのときは目が見えるが徐々に衰え、２～４歳までに完全に失明。ネコは少し目が見えなくても普段と変わりなく過ごすため、病状が進行するまで見逃しがち。この病気で失明したネコは、光をあてても瞳孔が小さくならず開きっぱなしなので診断できる。
治療と予防＊栄養に問題がある場合は改善を。総合栄養食のキャットフードを与えることで予防。

眼瞼《がんけん》内反症

原因と症状＊まぶたが目の内側に入ってしまう。まつ毛が眼球の表面を常に刺激して角膜を傷つけるため、痛みでまぶしそうに目を細める。ペルシャやヒマラヤン、スコティッシュホールドなどの短頭種は流涙症が多く、目頭の毛が涙やけで赤く染まりやすい。
治療と予防＊内反したまぶたを外反させる手術、点眼薬などで治療。

白内障

原因と症状＊瞳の中心の水晶体が白く濁り、目が見えなくなる病気。遺伝的にペルシャ、ヒマラヤン、ブリティッシュショートヘアなどで症例がある。老年性の白内障はネコでは少なく、外傷や目の病気（**緑内障**、**ブドウ膜炎**、**水晶体脱臼**）、糖尿病が原因となり発症することが多い。ネコ同士のケンカや事故で目を深く傷つけて白内障になり、視力を失うこともある。
治療と予防＊水晶体摘出手術を行うか、進行を遅らせる点眼薬やサプリメントで治療する。

外耳炎

原因と症状＊原因は、細菌や真菌、寄生虫、外傷、アレルギーなど。かゆみや痛みを気にしてかき壊して炎症が起こり、黒褐色の耳アカがたまる。耳の通気性が悪いスコティッシュホールドやアメリカンカールに多く、**耳カイセン**の寄生が原因の場合も。かきすぎると耳介に血液がたまって**耳血腫**になることもある。
治療と予防＊点耳薬、抗生剤を投与して原因を治療。綿棒での耳そうじのしすぎが原因になることもあるので注意。日頃から耳の汚れや匂い、後ろ足でしょっちゅう耳をかいてないかをチェック。

口と歯の病気

歯周病

原因と症状＊歯に付着した食べかすが歯垢や歯石となり、歯肉が炎症を起こす。歯肉が発赤、腫脹、出血し、口臭も強く、悪化すると歯が動いて抜けたり、エサが食べられなくなることも。歯みがきをしていないネコの多くが発症。

治療と予防＊歯石除去、抜歯、抗生剤や消炎鎮痛剤で治療。歯みがきで予防。歯石がつきにくいドライフードを動物病院で処方してもらうのも効果的。

口内炎

原因と症状＊感染や栄養障害、腫瘍などが原因。症状は口の中の発赤や腫脹、痛み、ヨダレ、歯ぎしりなど。猫白血病ウイルスや猫免疫不全ウイルスに感染していると発症しやすい。慢性化すると口の周囲はヨダレで被毛が変色し、悪臭を放つ。

治療と予防＊原因の病気を治療。インターフェロン、ビタミン注射、ラクトフェリンなどの乳酸菌も有効。まめな歯みがきが予防になる。

感染症

猫ウイルス性鼻気管炎（FVR）

原因と症状＊ヘルペスウイルスが原因で、咳やクシャミ、発熱、鼻水などが主な症状。環境の変化や栄養不足で免疫力が落ちると発症しやすい。家にきたばかりの子ネコのほか、引っ越し後のおとなネコも要注意。ワクチンを接種していると軽症ですむ。

治療と予防＊症状に合わせて治療し、栄養補給を行う。ワクチンで予防する。

猫白血病ウイルス（FeLV）感染症

原因と症状＊レトロウイルスが原因で免疫力が低下。口内炎、敗血症、肺炎などの感染症を起こし、白血病やリンパ腫などを誘因。母子感染のほか、感染したネコの唾液により感染することもある。子ネコを抗原検査する場合は、１カ月後の再検査が必要。

治療と予防＊有効な治療法はなく、症状を緩和する治療を行う。ワクチン接種で予防。

カリシウイルス感染症

原因と症状＊ウイルス感染が原因の呼吸器感染症。症状は発熱、クシャミ、鼻水、食欲不振など。口内炎や舌や口に潰瘍ができるとエサを食べられなくなる。呼吸器粘膜の炎症症状が長引くと、鼻の形が崩れることも。

治療と予防＊抗生剤、インターフェロンを投与。生後2カ月までにワクチン接種をして予防。

猫伝染性貧血

原因と症状＊ヘモバルトネラ・フェリスという原虫がマダニやノミによって媒介され、吸血時に体内に入りこんで赤血球の表面に寄生する。赤血球が大量に壊れるとネコが貧血を起こし、発熱、食欲不振、沈うつ、黄疸などの症状が出る。

治療と予防＊抗生剤の投与、輸血、酸素吸入を行う。ノミやダニ駆除が予防につながる。

猫汎白血球減少症

原因と症状＊パルボウイルスが原因。感染したネコの便や尿からうつり、2週間以内に発症。症状は下痢、嘔吐、高熱など。治療が遅れて脱水した子ネコは死亡率が高い。白血球が極端に減少するのが特徴で、糞便中の抗原検査で診断する。

治療と予防＊点滴、インターフェロン、抗生剤などで治療。ワクチン接種で予防できる。

猫免疫不全ウイルス（FIV）感染症

原因と症状＊レンチウイルスの感染による猫エイズ。ネコ同士のケンカや交尾による感染のほか、母子感染がある。動物病院の抗体検査で診断する。感染した猫は免疫力が弱くなり、慢性の口内炎や鼻炎、皮膚炎、腸炎などが多発。末期になると貧血が進み、やせて、悪性腫瘍や感染症が見られる。ただし、清潔な室内で栄養のあるエサを与えて飼育すると、感染後も発症せず平均寿命をまっとうする場合もある。

治療と予防＊治療法はないので、ストレスのない環境で室内飼いし、栄養ある食餌を与えて発症を抑制。病気やケガは早めに治すこと。感染したネコと接触させない、外に出さないことで予防する。

猫伝染性腹膜炎

原因と症状＊猫コロナウイルスが原因。感染したネコの唾液や鼻水、便や尿などから感染するが、発病は5％以下。発症すると腹水や胸水がたまり、腹膜炎や腸炎を起こすウェットタイプと、神経や眼に症状の出るドライタイプがある。発症後の死亡率は高く、発熱を繰り返し、食欲低下、嘔吐、下痢、脱水などの症状で徐々に衰弱。単独で飼っている猫より多頭飼育、雑種より純血種のほうが発症率が高い。抗体検査で感染しているかどうかわかる。

治療と予防＊治療法はなく、症状を緩和する治療やインターフェロンを使用。ワクチンはない。感染したネコはストレスのない環境で飼育し発症を予防。

皮膚の病気

アレルギー性皮膚炎

原因と症状＊原因はハウスダスト、家ダニ、花粉、カビなど。これらを口や鼻から吸引したり、皮膚にふれるとアレルギー反応が出る。とくに顔、耳の後ろ、首などに強いかゆみが発生。食餌性のアレルギーの場合は嘔吐や下痢など消化器の症状が出る。

治療と予防＊アレルギー検査をしてアレルゲンを特定し、除去。ステロイド、免疫抑制剤、抗ヒスタミン、減感作療法などで治療する。

アクネ・スタッドテイル

原因と症状＊下アゴに黒い粒のように皮脂が出るのがアクネで、匂いのもととなる。異常ではないが、エサの脂肪が多すぎると出やすく、引っかいて感染することもある。スタッドテイルはシッポのつけ根の背中側に、大量の皮脂が出る症状。ネコが気にしてなめ壊すことがある。

治療と予防＊ぬるま湯やスタッドテイル用シャンプーで洗う。感染があれば抗生剤を投与する。

蚊刺症

原因と症状＊蚊に吸血され、かゆくてかき壊すと、出血や体液でかさぶたができる。蚊の季節だけなので他のアレルギーと区別できる。耳介の外側や鼻梁など、毛の薄い領域に好発する。

治療と予防＊ステロイド剤や二次感染に対して抗生剤を投与。蚊に刺されないように工夫（蚊取り線香、網戸、忌避剤、室内飼いなど）して予防。殺虫剤を使用する際はネコが絶対になめないよう注意すること。

心因性脱毛

原因と症状＊病的な脱毛の原因は、感染や外傷、薬物、ホルモンバランス、アレルギー、ストレスなどさまざま。心を落ち着かせようと、グルーミングで自ら脱毛を作ってしまうこともある。脱毛は腹部を中心に、会陰部、前足、後ろ足、頸部に多い。

治療と予防＊原因を除去し、鎮静薬、抗うつ薬、ホルモン薬などを投与。エリザベスカラーをつければ毛が生えてくるが、原因を除かない限り繰り返す。

皮膚糸状菌症

原因と症状＊皮膚糸状菌の感染が原因で、犬や人にもうつる皮膚病。かゆみを伴わない円形の脱毛が特徴。感染した動物との接触のほか、毛やフケのついたブラシなどからも感染。子ネコや免疫力の弱いネコ、ペルシャネコの発生が多い。顕微鏡検査や真菌培養検査で診断を確定する。

治療と予防＊抗真菌剤や薬浴で治療。そうじや空気清浄機、ブラシの使いまわしをしないことで予防。

泌尿器の病気

尿路感染症

原因と症状＊細菌が尿路（腎臓、尿管、膀胱、尿道）に感染して炎症を起こし、尿が出なくなったり、漏らしたりする病気。細菌感染すると尿石ができやすく、尿石が尿道に詰まり尿が出なくなると（**尿石症**）、**水腎症**や**腎不全**で死ぬこともある。

健康なネコは尿路から細菌の侵入を許さないが、免疫力が弱い、糖尿病、尿路の奇形、ストレスなどが誘因し感染。

ネコは環境の変化にストレスを感じやすく、ペットホテルに預けたり、来客後などに、尿が出にくい、血尿が出るなどの症状が起こりやすい。

治療と予防＊抗生剤の投与、食餌の改善、飲水量を増やす工夫などで対処。陰部を清潔にすることも大切。適度の運動をさせるのもよい。

尿石症

原因と症状＊膀胱や尿道に石ができる病気。尿石は膀胱や尿道のやわらかい粘膜を傷つけ、血尿や頻尿を起こす。処置が遅れると尿石が詰まって排尿できなくなり、腎不全を起こし死に至ることも。頻繁にトイレに行ったり、排尿ポーズをとるのに排泄していない場合は、早めに動物病院へ。日本のネコの尿石の主成分は、リン酸アンモニウムマグネシウム（ストルバイト）が多い。他の成分は、シュウ酸カルシウムや尿酸アンモニウムなど。ドライフードを好み、水をあまり飲まず、室内飼いで運動不足のネコに好発。オスは尿道が狭いので重症化しやすい。

治療と予防＊膀胱炎に対しては抗生剤、消炎剤、止血剤などで治療。石が大きい場合は手術をする場合も。尿検査で原因の石の成分を解析し、適切な食餌に変える。予防としては水分をたくさん摂らせるように工夫する。よく遊んで運動させるのも効果的。

腎不全

原因と症状＊老化で腎臓の働きが悪くなると、老廃物が体外に排出されず体内に蓄積。進行すると尿毒症を起こして死に至る。初期症状は尿量の増加、多量の飲水など。やがて体重が減り、食欲不振に。尿毒症になると嘔吐など。血液生化学検査や尿検査で診断が可能。

治療と予防＊輸液、血液透析、腹膜透析などで治療。消化がよく質のよいタンパク質を摂り、塩分やリンを制限する食餌療法も行う。

消化器の病気

下痢

原因と症状＊便が水っぽくなり、血液や粘液が混じる。元気や食欲がなく、嘔吐をともなうことも。健康なときは1日1回、硬めの便をするが、1日3回以上の排便は食べすぎや消化器の病気が疑われる。

原因は、寄生虫、ウイルス、細菌、食餌の内容の変化、異物、ストレスなど。慢性的な下痢の場合は、膵炎、腫瘍、アレルギー、甲状腺機能亢進症などが関与している可能性がある。

治療と予防＊動物病院を受診するときは、便を持っていくとよい。原因の除去、止瀉薬、抗生剤、食餌療法、輸液などで治療する。

膵炎

原因と症状＊急性膵炎は、感染や腹部の強打などにより膵臓が傷つき腹膜炎をおこす。痛みで元気がなく抱き上げると嫌がる。食欲不振、嘔吐、下痢、脱水などの症状が出て、炎症がひどいとショック状態や昏睡状態に陥ることも。慢性膵炎は無症状の場合もあるが、嘔吐や下痢が続くことも。食欲にムラがあり、徐々に体重が減っていく。免疫力の下がった老ネコや、メスよりオスに多いとされる。

治療と予防＊輸液を行い、消炎剤や鎮痛剤を投与。併発した病気の治療も同時に行う。脂肪分の低い適切なエサが予防や治療に効果的。

巨大結腸症

原因と症状＊結腸が大きく広がって人のこぶし大の硬い便がとどまるため、排便姿勢をしても便が出ないなど重症の便秘様の症状が出る。他の症状は、食欲不振、嘔吐、脱水、元気の消失など。腎臓や肝臓に負担がかかるため、命に関わることもある。

治療と予防＊消化機能改善薬、下剤、浣腸、摘便などで治療。トイレを清潔に保つほか、便秘によいエサなどが予防になる。

胃腸内異物

原因と症状＊遊んでいるときなどに異物を飲みこみ、胃を刺激したり腸に詰まる。下痢や元気消失が主な症状。誤飲で多いのは、ヒモや糸、布、ネズミのオモチャ、ツマようじ、輪ゴムなど。

治療と予防＊催吐剤で吐かせたり、手術や内視鏡で摘出。日頃から誤飲するような危険なもので遊ばせないこと。

ネコが誤飲する小物やゴキブリ駆除薬、中毒を起こす植物（P69）にも要注意。

肝炎

原因と症状＊細菌やウイルスによる感染、寄生虫や栄養不足、薬物や化学物質を口にした中毒などが原因で、肝臓に炎症が起こる。軽度の場合は無症状なので、健康診断の血液検査や超音波エコー検査で見つかることも。食欲不振、元気消失、嘔吐、下痢、体重減少などの症状が出て、重症化すると黄疸、腹水などの症状が見られる。

治療と予防＊強肝剤の点滴、抗生剤の投与や駆虫、適切なエサなどで治療。中毒の原因になるものは室内に置かないことも大切。

生殖器の病気・悪性腫瘍

乳腺腫瘍

原因と症状＊乳腺をさわってみて、腫れやしこりを感じた場合は、腫瘍の可能性がある。

他にも妊娠していないのにおっぱいから乳汁が出たり、リンパ節が腫れるなどの症状がある。

ネコの腫瘍は70～90％が悪性だといわれている。腫大すると後肢に血行障害が出たり、肺への転移もあるので、早めに受診すること。

治療と予防＊乳腺摘出手術を行う。避妊手術は予防になる。

リンパ腫

原因と症状＊ネコのリンパ腫の原因の60％が猫白血病ウイルスだといわれ、発症場所によって、多中心型、消化器型、皮膚型、胸腺縦隔離型に分類される。また、腎臓、脊髄、眼などに単発で発症することもあり、血液の場合はリンパ性白血病という。発症場所によって体重減少、元気消失、食欲喪失、リンパ節腫大、嘔吐、下痢、多飲多尿、呼吸困難、嚥下困難、貧血、黄疸、胸水、腹水などさまざまな症状が出る。

治療と予防＊抗がん治療と対処療法を行う。

子宮蓄膿症

原因と症状＊避妊手術をしないで年を重ねたメスは、8歳を過ぎた頃から子宮や卵巣の病気、乳腺腫になる可能性が高まる。子宮蓄膿症は、細菌感染で子宮内に膿がたまり、元気や食欲がなくなる。

治療と予防＊手術して卵巣と子宮を摘出する。避妊手術が予防になる。

呼吸器・内分泌の病気

副鼻腔炎

原因と症状＊原因となる細菌やウイルスが鼻の奥の副鼻腔にまで達すると、複雑な鼻腔内の構造が炎症で壊され慢性化。症状は鼻汁やクシャミなどの鼻炎症状で、粘っこい鼻汁には血が混じることも。ヒューヒュー、ピーピーと音がして、悪化すると口で呼吸し、食欲が落ちて元気がなくなる。

子ネコが発症すると、鼻腔内にウイルスや細菌がずっと居座り、鼻炎や副鼻腔炎が繰り返し続く。

治療と予防＊抗生剤、点鼻薬などを投与。鼻腔内洗浄や通気をよくする手術を行うこともある。

糖尿病

原因と症状＊膵臓からインスリンの分泌が減少するなどして、糖分をうまく体内にとりこめなくなり、血糖値が上昇する病気。多飲、多尿、脱水が主な症状で、食べているのにやせてきたり、感染症にかかりやすくなる。食欲が低下すると脂肪の代謝異常によるケトアシドーシスという状態になり、そのままでは意識障害や昏睡状態となり死に至る。腎不全や肝リピドーシスを併発するとさらに重症化。シャムネコに多いが、どのネコにも起きる病気。

治療と予防＊インスリン注射、食餌療法、対処療法で治療。エサを出しっぱなしでだらだら食いをさせない、肥満させない、ストレス回避などで予防。

肺炎

原因と症状＊ヘルペスウイルスやカリシウイルスが気道に感染し、さらにクラミジアなどの細菌や真菌の二次感染が起こることで悪化。炎症が肺に達すると、発熱、食欲不振、呼吸困難、咳、鼻水、元気消失を起こす。進行が早く命に関わる病気。

治療と予防＊抗生剤、抗真菌剤などを投与。吸入療法や酸素療法、点滴なども併用する。ワクチンで予防する。

甲状腺機能亢進症

原因と症状＊甲状腺ホルモンは新陳代謝を促進する作用があり、熱産生や組織代謝にも関連する生命活動に必須のホルモン。甲状腺機能亢進症は、Ｔ４（サイロキシン）とＴ３（トリヨードチロニン）の２種類の甲状腺ホルモンがたくさん作られるため、各臓器に作用し、熱量産生増加とエネルギー代謝の亢進が起こる。主な症状は、心臓の拍動の増加、あえぎ呼吸、過換気、たくさん食べるのにやせてくるなど。一見元気そうで活発だが、性格は怒りっぽく攻撃的に。悪化すると、逆に元気や食欲がなくなる。

治療と予防＊ヨードの少ないエサを与え、抗甲状腺薬の投与、外科手術などによる治療を行う。

心臓と血液の病気

貧血

原因と症状＊出血による貧血の場合は、外傷、手術、出血性胃腸炎、胃潰瘍、寄生虫、腫瘍、膀胱炎、尿石症、血液凝固異常などの原因が考えられる。

溶血性貧血の原因は、赤血球に寄生して壊すヘモバルトネラ、ネギ中毒、薬物による肝機能不全、自己免疫性溶血性貧血などがある。

再生不良性貧血の原因は、栄養不良（ビタミンB_{12}、B_6、葉酸、鉄、銅、アミノ酸）、腎不全によるエリスロポエチン欠乏、薬物中毒、甲状腺機能低下症、副腎機能低下症、猫汎白血球減少症、白血病、腫瘍などが考えられる。

貧血の主な症状は、目などの粘膜の蒼白、元気喪失、体重減少、心拍数の増加、呼吸速迫、失神、嗜眠、黄疸、血色素尿など。

治療と予防＊原因を除去し、輸血、輸液などで治療。寄生虫は駆虫する。栄養のあるエサを与える。

肥大型心筋症

原因と症状＊心臓の筋肉が肥厚し、正常に働かなくなる病気。この病気のネコは、おとなしくあまり遊ばず、体力がない。レントゲンや超音波エコー検査で肥厚した心筋を確認するが、ときには、逆流して滞って固まった血の塊（血餅）が確認できる場合もある。この血の塊が心臓内から血管に入り血流を妨げ、血栓を作る。血栓ができると、痛みで声をあげて苦しみ、やがて死に至る。

治療と予防＊心臓薬、抗血栓薬で治療。定期健診などで肥大型心筋症と診断されたら、無症状でも早々に心臓のケアと血栓予防をはじめること。

寄生虫

外部寄生虫症

外部寄生虫には、皮膚と被毛につく**ネコノミ**、**ネコハジラミ**、皮膚の中にもぐりこむカイセン（**ショウコウヒゼンダニ**）、耳の中に寄生する耳カイセン（**ミミヒゼンダニ**）などがある。激しいかゆみと違和感があり、引っかいたり咬み壊したりするので、早期に駆除すること。

＊ネコノミ

毛をかき分けると、体全体、とくに背骨から尾のつけ根にかけて、赤褐色のフンがあるので寄生がわかる。ノミに刺された皮膚は、かき壊すため、小さなかさぶた（粟粒性皮膚炎）が見られる。

＊ネコハジラミ

ネコハジラミは葉の形で、毛や皮膚に寄生。白茶色のフケのようだが、よく見ると動いているので肉眼でもわかる。フケや毛を食べて、生涯、ネコの皮膚に寄生して過ごす。

＊疥癬（カイセン）

猫小穿孔ヒゼンダニというダニが、皮膚にトンネルを掘って寄生。激しいかゆみでかき壊し、駆虫しないと細菌などの二次感染でひどい皮膚病になる。症状は、皮膚の肥厚、かさぶた、赤み、フケ、脱毛。寄生されたネコとの接触でうつる。

ネコは顔と顔を近づけてあいさつするので、顔に疥癬をもらってしまうことが多い。顔は舌が届かずに十分にグルーミングできないので、皮膚に寄生してしまう。疥癬が寄生したネコは、肥厚した皮膚とかさぶたのため、眉間にしわがよったようなしかめっ面をしている。

耳カイセンは耳の中に寄生し、ネコはかゆみで頻繁に耳を振ったり、かく。耳の中に茶褐色の耳アカが大量に見られたら要注意。

治療と予防＊駆虫薬（スポットタイプ、スプレータイプ、錠剤、注射、点耳薬など）で駆除、予防する。疥癬は薬浴、薬用シャンプーなども行う。

内部寄生虫症

原因と症状＊内部寄生虫には、母ネコから感染する**猫回虫**、ノミを口にすることで感染する**瓜実条虫**、カエルやヘビなどを捕食することで感染する**マンソン裂頭条虫**、**壷型吸虫**、ネズミを捕食することで感染する**猫条虫**などがあり、腸内に寄生する。**コクシジウム**は小腸粘膜に寄生し、活発に分裂増殖して上皮細胞を破壊するので、下痢に粘血便が混じる。

治療と予防＊駆虫薬（スポットタイプ、錠剤、注射）で駆虫する。

内部寄生虫症

原因と症状＊フィラリアは蚊が媒介して感染し、心臓に寄生する白い20cmくらいの糸状の寄生虫。

咳、呼吸困難、嘔吐などの症状が見られるが、無症状で突然死する場合もある。

レントゲン検査では心臓の肥大と肺動脈の拡張、胸水などが、超音波検査では右心房、肺動脈内に虫体が見られるなどで診断できる。イヌに多い病気だがネコにも発生する。

治療と予防＊蚊の発生する季節に月1回の予防薬（錠剤、チュアブルタイプ、スポットタイプ）を与える。フィラリアに感染しているかどうかは少しの血液で検査が可能なので、年1回は検査を受けるとよい。予防薬だけでなく、周囲にフィラリアに感染したイヌがいないこと、媒介する蚊に刺されない室内飼いにすることがいちばんの予防となる。

もし感染したら、内科的に心臓をケアしながら駆虫するか、外科的に虫体を取り出す治療を行う。

ケガ

骨折・脱臼

原因と症状＊飼い主さんに踏まれて骨折、ドアにシッポをはさまれて脱臼、ネコ同士のケンカで高所から落下して骨折、交通事故で骨盤骨折など、ネコにケガはつきもの。高層住宅のベランダから落ちるケースも多く、落下の場合、前足や下顎骨、頭部など上半身の骨折が多いのが特徴。

治療と予防＊室内飼いでもベランダからの落下事故があるので、ベランダにネットを張るなどの事故防止が必要。手術、添え木、ギブス、テーピングなどで固定して治療する。

ケンカによる傷

原因と症状＊ネコ同士のケンカなどで咬まれた傷は、皮膚の治りが早いので、すぐにわからなくなることが多い。しかし、表面の傷は治っても、犬歯でかまれた筋肉の奥のほうが化膿したり、周囲が腫れて熱を持つことがある。ケンカ後、数日から1週間経過したあと、皮膚が破れて膿が外に流れ出し、ネコはそれを気にしてなめ続けることも。

治療と予防＊ケガをしたときは病院で治療してもらうこと。咬傷と化膿でできた傷を消毒洗浄し、大きな傷は縫合。抗生剤、消炎鎮痛剤を使用。

そのほかの病気

毛球症

原因と症状＊ネコはグルーミングで抜けた毛を飲みこむため、胃の中で毛玉ができる。とくに春と秋の換毛期は、要注意。通常は、ある程度、毛玉がたまると吐いて出すが、残った毛が便にたまると腸に詰まることがあり、要注意。
治療と予防＊長毛種のネコはとくに、まめにブラッシングして抜け毛を取り除くことが予防になる。さらに、胃を刺激して吐きやすくするネコ草(P76)を与える、毛玉の通りをよくする毛球症予防フードやチューブタイプのサプリメント、胃腸機能改善薬もある。

肛門腺破裂

原因と症状＊肛門の脇には分泌液を蓄えた肛門嚢があり（P143)、ネコが匂いをかぎ合って認識するポイントになっている。
　排出管が詰まって中に液がたまると、肛門嚢の膜が破裂して化膿し、周囲が自壊。肛門をなめ続けたり、お尻を床にこすりつけているときは要注意。
治療と予防＊患部を洗浄消毒し、抗生剤で治療。肥満に注意し、定期的に肛門嚢をしぼることで予防する。
　繰り返すときは摘出手術をすることもある。

ネギ中毒

原因と症状＊ネコはネギ類（長ネギ、玉ネギ、ニラ、ニンニク、ラッキョウなど）を食べると、赤血球が壊れて貧血を起こす。ネギ類に含まれるアリルプロピルジスルファイドなどがヘモグロビンを酸化し、赤血球を破壊することが原因。赤褐色の尿（血色素尿）が出て、貧血で元気や食欲がなくなり、ひどくなると呼吸速迫、嘔吐、下痢、歩行異常の症状が出ることもある。
治療と予防＊食べてすぐなら吐かせること。間に合わない場合は、解毒点滴、貧血がひどければ輸血を行う。野菜入りのさつまあげなど、練り製品などにはネギが入っていることが多いので注意。

ネコから人にうつる病気

　ネコから人にうつる病気があるので、知っておきましょう。
　寄生虫は病原を媒介するので、ネコは室内飼いにし、外ネコからうつらないように気をつけ、飼育環境を清潔に保ちましょう。また、ネコに口移しで食べものをあげたり、食器の共有などは厳禁です。
　ネコに引っかかれたりしたときは、すぐにきれいに洗うこと。咬まれたときもすぐに洗って、念のため病院で診てもらうと安心です。

＊人畜共通の病気

病名	病原体	感染経路	人の症状
猫引っかき病	リケッチア属バルトネラ・ヘンセラ菌	咬傷、引っかき傷	リンパ節腫大、発熱
パスツレラ	パスツレラ菌	咬傷、引っかき傷	発赤、腫れ、うずく痛み、気管支炎、肺炎
トキソプラズマ	トキソプラズマ	糞便中の原虫の経口感染。原虫を含んだ食肉	妊娠中に初感染すると流産や子供に障害が出る場合がある
皮膚糸状菌症	皮膚糸状菌	接触	皮膚病、かゆみ、小結節、フケ
外部寄生虫	ネコノミ・ダニ	ノミやダニが吸血	かゆみ。アレルギーや皮膚病（水泡）が出る場合もある

C O L U M N

We love Cats! ⑤

ネコとお別れするとき

最後を見送る

動物医療が進歩し、フードの質もよくなったことで、飼いネコの寿命は長くなっています。いずれにしても、お別れのときはやってきます。最後まで責任を持って飼い、看取るのが飼い主さんの役割です。

ネコが亡くなったら、布でくるんで段ボール箱などに入れ、埋葬まで涼しい場所に安置します。自宅の庭に埋葬したいときは、地域によっては禁止されている場合もあるので確認が必要。匂いがしたりイヌに掘り返されたりしないように、1m以上掘って布などに包んで埋めるようにします。

＊自治体に依頼する

自治体によって対応がちがうので、住んでいる地域の保健所、役所に問い合わせてみましょう。自治体にあるペットの火葬場や、契約業者で火葬してもらえます。遺骨は返してもらえないことも多いので、事前に確認を。

＊ペット霊園に依頼する

民間のペット霊園では、合同で火葬するところと個別に火葬するところとがあります。個別火葬では、火葬に立ち会って遺骨を引き取ることができるところもあります。霊園によってプランがちがうので、希望に合わせて選びましょう。

ペットロス

ネコの死後、その悲しみやショックからいつまでも抜けきれず、ペットロスになることもあります。単に気分的な問題だけではなく、食欲不振や不眠など体調に悪影響が出ることもあるのです。

悲しむことは悪いことではありません。がまんせずに泣いたり、人に話したりして、気持ちを解放しましょう。埋葬したり、遺骨にして供養することも、お別れを受け入れるために役立つこともあります。

STAFF

編集制作＊GARDEN（小沢映子）
本文デザイン＊白畠かおり
写真＊坂本晶子〈室内ネコ〉／三浦一広〈屋外ネコ〉
ライター＊宮野明子
マンガ＊池田須香子
イラスト＊池田須香子／中山三恵子（pegu house）
企画・編集＊成美堂出版編集部（駒見宗唯直）

＊掲載商品問い合わせ先（p95・96）
アイリスオーヤマ　TEL：0120-211-299
iCat〈ゼフィール〉　TEL：0766-67-0702

撮影に協力してくれたネコたち

玉木ぐりん／大塚チョビ／齋藤ミー／成毛ジロー／船木トラ／伊藤メルシー・ルル・ロイ／加賀谷ふわり／加藤愛／鎌田おやじくん・ごみ・みみ／吉村アラレ・ミゾレ・サンダー・レイン／坂本キアラ・サンガ・シンバ・ライア・レオ／三橋ミー・ケイ／山下家の子ネコたち／吉野ルナ・テン／山本JUN・魁・小雪／種こたつ・サンジ・チョッパー／小幡源太・ナナ／小林cookie・heywood・westley／小林キャンディ・チョコ／松下アトム・ココ・チチ／松下ニイチャン・モップ／青沼くろっぴ・にゃんにゃ・はなこ・みなみ／斉藤ハリー・リンリン／石田チャト／増川ココ／大友つゆ・はな・パンダ・モナカ＆子ネコたち／大澤コテツ・まめたろう／田中だる・雪／田邊まる／田中つむぎ／二階堂キティ・スバル・テン・ビビアン／白畠久保田／武内クルル・政宗／福山コジロー／福士みかん・マロン／麻生アップル・ドルチェ・ベリー／野口はな・夏・空・恵・正・哲・幸・大・徳・富士子・武蔵／野島なると／石川めんま／鈴木ぽち

監修：青沼陽子（あおぬま ようこ）

獣医師。東小金井ペット・クリニック院長。聯合中医薬学院師温会獣医学部に所属。日本アロマ環境協会認定アロマテラピーインストラクター。ジアスセラピストスクール講師。西洋医学に加えて、鍼灸や自然治癒力を高める代替療法を積極的に取り入れた治療に取り組んでいる。主な著書に「わんちゃんが喜ぶマッサージ＆アロマテラピー」（青春出版社）など、監修書（共同監修）に「トイ・プードルの飼い方・しつけ方」（成美堂出版）など多数。現在、４匹のネコたちと生活中。４匹はみな元保護ネコ。現在、３匹の保護子ネコの授乳に奮闘中！

猫の飼い方・しつけ方

監　修　青《あお》沼《ぬま》陽《よう》子《こ》
発行者　深見公子
発行所　成美堂出版
〒162-8445　東京都新宿区新小川町1-7
電話(03)5206-8151　FAX(03)5206-8159
印　刷　凸版印刷株式会社

ISBN978-4-415-31372-6
落丁・乱丁などの不良本はお取り替えします
定価はカバーに表示してあります